美丽乡村建设实践丛书

乡村规划与设计

（第2版）

褚广平　黄立之　编著

U0283797

中国建材工业出版社

北　京

图书在版编目（CIP）数据

乡村规划与设计 / 褚广平，黄立之编著 . —— 2 版 .
北京：中国建材工业出版社，2024. 11. —— ISBN 978-7
-5160-4227-4

I.TU982.29

中国国家版本馆 CIP 数据核字第 2024MK2322 号

乡村规划与设计（第 2 版）
XIANGCUN GUIHUA YU SHEJI (DI-ER BAN)
褚广平　董立之　编著

出版发行：*中国建材工业出版社*
地　　　址：北京市西城区白纸坊东街 2 号院 6 号楼
邮政编码：100054
经　　　销：全国各地新华书店
印　　　刷：北京印刷集团有限责任公司
开　　　本：787mm×1092mm　1/16
印　　　张：10
字　　　数：200 千字
版　　　次：2024 年 11 月第 2 版
印　　　次：2024 年 11 月第 1 次
定　　　价：**58.00 元**

编 委 会

主　　编：褚广平　黄立之

副 主 编：史文强　白永东　陈　瑛

参　　编：（编委按姓氏笔画排序）

山小庆　王琪一　毛　奇　毛　隽

平振宇　刘　旭　阮旭文　孙亚玮

沈芳华　陈　懿　易　辉　周艺甜

俞高良　张耀亮　倪程程　唐勇前

赖水清

顾　　问：王云江

主编单位：杭州余杭建筑设计院有限公司

参编单位：杭州万宸建筑设计有限公司

中国建筑技术集团有限公司

准格尔旗城市基础设施建设投资有限公司

前　言

　　"绿水青山就是金山银山。"规划先行，是既要金山银山又要绿水青山的前提，也是让绿水青山变成金山银山的顶层设计。浙江各地特别重视区域规划问题，强化主体功能定位，优化国土空间开发格局，把它作为实践"绿水青山就是金山银山"的战略谋划与前提条件。从2005年这一科学论断提出到现在，浙江干部和群众把美丽浙江作为可持续发展的最大本钱，不断丰富发展经济和保护生态之间的辩证关系，在实践中将"绿水青山就是金山银山"化为生动的现实，成为千万群众的自觉行动。美丽乡村建设就是这一科学论断最好的体现。建设美丽乡村是建设新农村的延伸与拓展，是人与自然和谐共处，物质与文化、生产与生活同步提升的有机过程。

　　美丽乡村应该符合5个方面基本条件：一是要有优良的生态环境，这是美丽乡村的"貌"。"天蓝、山青、水绿、地净"是美丽乡村应有的含义。二是要有合理的空间布局，这是美丽乡村的"形"。只有布局合理、错落有致的农村才能称之为美丽乡村。三是要有完善的配套服务，这是美丽乡村的"质"。美丽乡村要让农民跟市民一样，享受到优质便捷的出行、就医、教育、养老等生产生活配套服务。四是要有雄厚的经济基础，这是美丽乡村的"本"。如果乡村里的农民一年到头只能填饱肚子，就算居住环境再美丽，也难以称其为美丽乡村。五是要有和谐的社会风尚，这是美丽乡村的"魂"。高楼大厦、钢筋水泥体现不了美丽乡村的内涵，和谐文明、健康淳朴的乡风才是美丽乡村真正的灵魂。总而言之，美丽乡村既要求"形态美"，也要求"内在美"，要形神兼备、美丽于形、魅力于心，这才是广大农民群众期盼的美丽乡村的模样。

　　近年来，浙江省深入实施"八八战略"，以"两山"理念为引领，通过乡村改造、设施配套、生态治理等系列，努力打造生态乡村，实现乡村振兴战略的第一步；大力推进"五水共治""三改一拆""四边三化"行动、"811"环境污染整治行动等工作，对破坏了的环境进行深入广泛的整治，擦洗了浙江大地上的污垢，使其重新焕发生机与活力。重塑了绿水青山的美丽景象之后，美丽乡村建设紧跟其上，山清水秀的自然景观改变了人们对以往乡村"脏乱差"的印象，但2.0版本的美丽乡村建设仍未解决乡村发展内生动力不足的问题。

　　目前，农村发展是中国努力发展的趋势，城镇一体化已进入新的融合发展阶段，以城带乡也要求乡村具备自身的发展能力。浙江省具有率先推进乡村振兴战略的先发基础优势，围绕农业农村现代化、城乡融合发展和生态文明建设总目标，按照产业兴旺、生态宜居、乡风文明、治理有效、生活富裕的总要求，启动实施全域土地综合整治与生态修复工程，优化农村生产、生活、生态用地空间布局，形成农田连片与村庄集聚的土地保护新格局、生态宜居与集约高效的农村土地利用空间结构，确保乡村振兴战略扎实有序推进。

本书论述了美丽乡村发展的意义，提出了美丽乡村建设的主要设计方向，通过不断完善设计蓝图，推动乡村规划设计的升级。本书结合编者自身负责的工程实例"秋石路延伸工程——丁山河村拆迁农居安置点市政配套工程""东林镇泉益村美丽乡村精品村村庄建设规划""浙江省海宁市袁花镇美丽乡村景观规划"，由点及线、再由线到面地阐述应用于实践的美丽乡村规划设计。

本书结合"生态人居""生态环境""生态经济""生态文化"四大乡村工程建设，加入实际规划设计实例，全面、系统而具体地介绍了乡村生态人居住宅建筑工程、配套完善的乡村基础设施、家用生活设施的建设与应用，以及乡村建筑的节能减排、乡村园林等建筑施工技术。本次修订结合美丽乡村设计案例，阐述先进的环保和生态景观规划理念，增加了智能化、便捷化的创新元素，旨在打造宜居、宜业、宜游的美丽乡村新风貌，为推动乡村振兴战略的实施，促进乡村生态、经济、文化的协调发展发挥积极作用。

本书突出了"内容新""讲解明""易领会""能操作"的编写思路，可作为美丽乡村建设相关管理者、设计者以及建筑施工人员的技术参考用书，也可作为行业组织、高等院校相关专业的培训教材。

编著者

2024 年 6 月

目　录

总　论

2024年2月3日，《中共中央 国务院关于学习运用"千村示范、万村整治"工程经验有力有效推进乡村全面振兴的意见》公布，文件提出，要学习运用"千万工程"蕴含的发展理念、工作方法和推进机制，把推进乡村全面振兴作为新时代新征程"三农"工作的总抓手，"集中力量抓好办成一批群众可感可及的实事"。"千村示范、万村整治"工程，是习近平同志在浙江工作时亲自谋划、亲自部署、亲自推动的重要战略举措，以农村生产、生活、生态"三生"环境改善为重点，推动实现"美丽乡村"向"美丽经济"的精彩蝶变。坚持把人民的诉求和利益放在首要位置，因地制宜、精准施策是这项工程的重要经验，与抓好"三农"工作的理念一脉相承。

建设美丽乡村不仅仅是农村居民的需要，也是城市居民的需要。农村所有问题，包括生态问题、环境问题、文化问题，影响的不仅仅是农村人口的生产生活问题，也从各方面影响到城市产业发展和城市居民的生活。比如，水土流失、土壤污染、沙尘暴、水的污染等问题，都直接通过大气或者食品等影响到城市居民。更进一步讲，农村作为空间的界限也日益模糊。农村与城市之间的距离越来越短，有越来越多的城市居民选择到农村去度假。随着中国式现代化建设的发展，我国城乡联系也日益密切。因此，建设美丽乡村不仅仅是农村居民的需要，也是城市居民的需要，是整个社会的需要。

美丽乡村规划的实质是中国社会主义新乡村建设的升级阶段，其核心在于振兴乡村经济，优化乡村空间布局，改善乡村人居环境、生态环境，保护乡村文化遗产等作为。美丽乡村规划是改变乡村资源利用模式、推动乡村产业发展的需要，是提高农民收入水平、改善其生活环境的需要，是保障农民利益、民生和谐的需要，是保护和传承传统文化、改善乡村精神文明建设的需要，是提高农民素质和新技能、促进其自身发展的需要。

近年来，浙江省深入实施"八八战略"，以"两山"理念为引领，通过乡村改造、设施配套、生态治理等系列，努力打造生态乡村，实现乡村振兴战略的第一步；以"五水共治""四边三化""三改一拆"为抓手，大力改善农村生态环境；全面推行"河长制"，完成"清三河"治理任务；乡村环境指标达标后，美丽乡村建设紧跟其上。山清水秀的自然景观改变了人们以往对乡村"脏乱差"的印象。

目前，城乡一体化已进入新的融合发展阶段，以城带乡也要求乡村具备自身的发展能力。持有先发基础优势的浙江省，大力开展美丽乡村示范县、示范乡镇、特色精品村创建和美丽乡村风景线打造，实行全域规划、全域提升、全域建设、全域管理，推进美丽庭院、精品村、风景线、示范县四级联创，初步形成了"一户一处景、一村一幅画、一线一风景、一县一品牌"的大美格局，同时实现生态、文化、经济和社会四个方面的均衡发展，发展乡村发展的多元化和个性化道路。浙江省围绕农业农村现代化、城乡融合发展和生态文明建设总目标，按照环境保护、文化传承、产业兴旺、生态宜居、乡风文明、治理有效、生活富裕的总要求，启动实施全域土地综合整治与生态修复工程，通过创新土地制度供给和乡村居民生活要素保障，优化农村生产、生活、生态用地空间布局，形成农田连片与村庄集聚的土地保护新格局，形成生态宜居与集约高效的农村土地利用空间结构，确保乡村振兴战略扎实有序推进。

农村改造已在浙江启动，其乡村建设可谓走在了全国前列，本书的出版有助于将其创新发展模式推广到全国各地。

第一章　我国美丽乡村规划与设计导论

第一节　美丽乡村规划设计的概念

美丽乡村规划设计不仅仅是一个地理或空间上的概念，它更是一个融合了生态、文化、经济和社会多重要素的综合性发展理念，这一理念随着国家对乡村振兴战略的持续推进而逐渐深入人心，成为新时代农村发展的重要指导方向，标志着中国社会主义新乡村建设进入了一个更为深入、全面的升级阶段。

美丽乡村规划设计的实质，是针对乡村振兴经济发展、空间布局、人居环境、生态环境以及文化遗产保护等核心问题，提出一系列科学、系统的解决方案和实施路径，旨在通过改变乡村资源的传统利用模式，推动乡村产业的转型升级和可持续发展，从而有效提高农民的收入水平，改善他们的生活环境。

从经济层面看，美丽乡村规划设计注重发掘乡村的经济潜力和特色优势，通过优化产业布局、提升产业链价值，促进乡村经济的多元化和高质量发展，既满足了农民提高收入、改善生活的迫切需求，也为乡村的长期繁荣和稳定奠定了坚实基础。

在空间布局方面，美丽乡村规划设计强调因地制宜、合理规划，注重保护乡村的自然风貌和生态格局。通过优化乡村空间布局，不仅可以提升乡村的整体形象和品质，还能有效改善农民的生产生活环境，促进乡村社会的和谐稳定。

在人居环境改善上，美丽乡村规划设计致力于提升乡村的居住条件和生活品质，通过改善住房条件、完善公共设施、提升服务水平等措施，让农民享受到更加舒适、便捷的生活，为乡村吸引人才、留住人才创造有利条件。

生态环境保护是美丽乡村规划设计中的又一重要方面。通过加强环境治理、推广清洁能源、发展循环经济等措施，切实保护乡村的生态环境，实现经济发展与环境保护的良性互动，有助于提升乡村的可持续发展能力，是保障农民根本利益、促进民生和谐的重要举措。

美丽乡村规划还注重乡村文化遗产的保护和传承。通过挖掘乡村的历史文化资源、弘扬优秀传统文化、培育乡村文化品牌等措施，增强乡村的文化软实力和影响力，提升农民的文化素养和审美情趣，也能为乡村的经济发展注入新的活力和动力。

综上所述，美丽乡村规划与设计的实质是一个多维度、综合性的发展理念和实践过程，旨在通过科学规划、合理设计，全面提升乡村的经济、社会、文化和生态发展水平，让广大农民共享现代化成果，实现乡村的全面振兴和可持续发展。

第二节　乡村振兴战略所起的引导作用

乡村振兴战略是习近平总书记 2017 年 10 月 18 日在党的十九大报告中提出的战略，党的十九大报告指出，"实施乡村振兴战略。农业农村农民问题是关系国计民生的根本性问题，必须始终把解决好'三农'问题作为全党工作的重中之重"。由此可见，乡村振兴战略是我国政府为应对新时代"三农"问题而提出的一项重大战略，旨在推动农业农村现代化，实现乡村全面振兴。2017 年 12 月 28 日至 29 日召开的中央农村工作会议中明确：到 2035 年，乡村振兴取得决定性进展，农业农村现代化基本实现；到 2050 年，乡村全面振兴，农业强、农村美、农民富全面实现。乡村振兴战略的实施对于乡村规划与设计具有重要的引导作用，指明了乡村规划设计在乡村建设中的重点任务。

乡村振兴战略明确了乡村发展的总要求和目标任务。根据产业兴旺、生态宜居、乡风文明、治理有效、生活富裕的总要求，乡村振兴战略致力于推动农村经济建设、政治建设、文化建设、社会建设、生态文明建设和党的建设。乡村规划与设计需要通过科学规划和精心设计，优化乡村空间布局，提升乡村环境质量，促进乡村经济社会的协调发展。

乡村振兴战略强调了乡村生态宜居的重要性。在乡村振兴战略中，生态宜居是乡村发展的重要目标之一。乡村规划与设计注重保护乡村生态环境，提升乡村景观品质，打造宜居宜业的乡村生活空间，通过推进乡村绿化、美化、亮化等工程，可以改善乡村人居环境。

乡村振兴战略提出了乡村文化兴盛的要求。乡村文化是中国传统文化的重要组成部分，乡村文化的兴盛有助于推动乡村旅游业的发展，为乡村经济注入新的活力。乡村规划与设计注重挖掘和传承乡村文化，通过保护传统建筑、弘扬民俗文化、打造文化景观等措施，重塑乡村文化自信，增强乡村居民的归属感。

此外，乡村振兴战略还强调了乡村治理体系和治理能力现代化的重要性。乡村规划与设计需要充分考虑乡村治理的需求和特点，通过优化空间布局、完善公共设施、提升服务水平等措施，提高乡村治理的效率和水平。

第二章　乡村总体规划设计

第一节　乡村总体规划设计原则

一、规划设计依据

1. 法律法规

1）《中华人民共和国乡村振兴促进法》（2021年6月实施）；

2）《关于在国土空间规划中统筹划定落实三条控制线的指导意见》（2019年）；

3）《乡村振兴战略规划》（2018—2022年）；

4）《数字乡村发展战略纲要》（2019年）；

5）《关于做好2023年全面推进乡村振兴重点工作的意见》；

6）《乡村振兴责任制实施办法》（2022年11月批准并发布）；

7）《乡村建设行动实施方案》（2022年）；

8）《关于推进以县城为重要载体的城镇化建设的意见》（2022年）；

9）《农村人居环境整治提升五年行动方案（2021—2025年）》；

10）《关于实现巩固拓展脱贫攻坚成果同乡村振兴有效衔接的意见》（2020年）；

11）《关于全面推进乡村振兴加快农业农村现代化的意见》（2021年）；

12）《国务院关于印发"十四五"推进农业农村现代化规划的通知》（2021年）；

13）《关于调整完善土地出让收入使用范围优先支持乡村振兴的意见》（2020年）；

14）《中华人民共和国城乡规划法》（2019年4月修正）；

15）《城市环境卫生设施规划标准》（GB/T 50337—2018）；

16）《城市绿地分类标准》（CJJ/T 85—2017）；

17）《风景名胜区总体规划标准》（GB/T 50298—2018）；

18）《城镇老年人设施规划规范》（2018年修订）；

19）国家现行的相关法律、法规、标准和规范（含地方规程和规定）。

2. 文献资料

1）《美丽乡村规划与施工新技术》；

2）《杭州市城市总体规划（2001—2020年）》（2016年修订）；

3）《余杭区发展战略规划（2015—2030年）》；

4）《美丽乡村建设技术创新联盟章程》；

5）国家现行的相关法律法规、标准和规范（含地方规程和规定）。

二、规划设计原则

在党的二十大报告中，习近平总书记强调"全面建设社会主义现代化国家，最艰巨最繁重的任务仍然在农村"，明确要求"全面推进乡村振兴""建设宜居宜业和美乡村"。2023年中央一号文件《中共中央 国务院关于做好2023年全面推进乡村振兴重点工作的意见》（2023年1月2日）对扎实推进宜居宜业和美乡村建设作出全方位、多层次部署，重点是硬件、软件两手抓。《中华人民共和国城乡规划法》第十七条规定，"城市总体规划、镇总体规划的内容应当包括：城市、镇的发展布局，功能分区，用地布局，综合交通体系，禁止、限制和适宜建设的地域范围，各类专项规划等"。随着我国城镇化进入高速发展时期，资源、生态环境问题日益突出，划定"三区"（禁建区、限建区、适建区）和"四线"（绿线、蓝线、紫线、黄线），根据地方特点提出有针对性的规划建设管理要求，是落实党的二十大精神和《城乡规划法》规定，实现城乡规划空间开发管制的重要手段。

要建设好美丽乡村，就必须有科学的乡村规划。而做好乡村规划设计就应遵守"三区四线"，其中"三区"包括：

1）禁建区

基本农田、行洪河道、水源地一级保护区、风景名胜区核心区、自然保护区核心区和缓冲区、森林湿地公园生态保育区和恢复重建区、地质公园核心区、道路红线、区域性市政走廊用地范围内、城市绿地、地质灾害易发区、矿产采空区、文物保护单位保护范围等，禁止城市建设开发活动。

2）限建区

水源地二级保护区、地下水防护区、风景名胜区非核心区、自然保护区非核心区和缓冲区、森林公园非生态保育区、湿地公园非保育区和恢复重建区、地质公园非核心区、海陆交界生态敏感区和灾害易发区、文物保护单位建设控制地带、文物地下埋藏区、机场噪声控制区、市政走廊预留和道路红线外控制区、矿产采空区外围、地质灾害低易发区、蓄洪区、行洪河道外围一定范围等，限制城市建设开发活动。

3）适建区

在已经划定为城市建设用地的区域，合理安排生产用地、生活用地和生态用地，合理确定开发时序、开发模式和开发强度。

四线包括：1）绿线：划定城市各类绿地范围的控制线，规定保护要求和控制指标；2）蓝线：划定在城市规划中确定的江、河、湖、库、渠和湿地等城市地表水体保护和控制的地域界线，规定保护要求和控制指标；3）紫线：划定国家历史文化名城内的历史文化街区和省、自治区、直辖市人民政府公布的历史文化街区的保护范围界线，以及历史文化街区外经县级以上人民政府公布保护的历史建筑的保护范围界线；4）黄线：划定对城市发展全局有影响、城市规划中确定的、必须控制的城市基础设施用地的控制界线，规定保护要求和控制指标。

此外，美丽乡村的总体规划应和土地规划、区域规划、乡村空间规划相协调，应当依据当地的经济、自然特色，历史和现状的特点，综合部署，统筹兼顾，整体推进。

坚持合理用地、节约土地的原则，充分利用原有建设用地。在满足乡村功能上的合理性、基本建设运行的经济性前提下，尽可能地使用非耕地和荒地，要与基本农田保护区规划相协调。

在规划中，要注意保护乡村的生态环境，注意人工环境与自然环境相和谐。要把乡村绿化、环卫建设、污水处理等建设项目的开发和环境保护有机地结合起来，力求取得经济效益同环境效益的统一。

在对美丽乡村规划中，要充分运用辩证法，新建和旧村改造相结合，保持乡村发展过程的历史延续性，保护好历史文化遗产、传统风貌及自然景观。美丽乡村规划要与当地的发展规划相一致，要处理好近期建设与长远发展的关系，使乡村规模、性质、标准与建设速度同经济发展和村民生活水平提高的速度相同步。

三、规划编制要求

按照全域理念着眼长远发展，修编完善全县乡（镇）村庄布点规划，科学确定中心村、需要保留的自然村每个行政村原则上规划建设个一中心村。围绕"三区一园""四类乡村"和农村产业发展，进一步完善农村产业规划。按照尊重自然美、注重个性美、构建整体美要求，不搞大拆大建、不求千篇一律、不搞一个模式，不用城市标准和方式建设农村，做到依山就势、聚散相宜、错落有致，编制美丽乡村建设规划。在规划和实施过程中，应充分考虑人口变化和产业发展等因素，保留建设和发展空间，引导农民集中在中心村居住。新建房屋面积不得超过政策规定的标准，严禁在村庄规划区外新建房屋。

第二节　乡镇规划用地标准

在对乡村进行规划时，应按照国家标准《城市用地分类与规划建设用地标准》

（GB 50137—2011）执行。

一、规划人均城市建设用地面积标准

1. 规划人均城市建设用地面积指标应根据现状人均城市建设用地面积指标、城市（镇）所在的气候区以及规划人口规模，按表 2-1 的规定综合确定，并应同时符合表中允许采用的规划人均城市建设用地面积指标和允许调整幅度双因子的限制要求。

表 2-1　规划人均城市建设用地面积指标（m²/人）

气候区	现状人均城市建设用地面积指标	允许采用的规划人均城市建设用地面积指标	允许调整幅度		
			规划人口规模≤20.0万人	规划人口规模20.1万～50.0万人	规划人口规模>50.0万人
Ⅰ、Ⅱ、Ⅵ、Ⅶ	≤65.0	65.0～85.0	>0.0	>0.0	>0.0
	65.1～75.0	65.0～95.0	+0.1～+20.0	+0.1～+20.0	+0.1～+20.0
	75.1～85.0	75.0～105.0	+0.1～+20.0	+0.1～+20.0	+0.1～+15.0
	85.1～95.0	80.0～110.0	+0.1～+20.0	-5.0～+20.0	-5.0～+15.0
	95.1～105.0	90.0～110.0	-5.0～+15.0	-10.0～+15.0	-10.0～+10.0
	105.1～115.0	95.0～115.0	-10.0～-0.1	-15.0～-0.1	-20.0～+0.1
	>115.0	≤115.0	<0.0	<0.0	<0.0
Ⅲ、Ⅳ、Ⅴ	≤65.0	65.0～85.0	>0.0	>0.0	>0.0
	65.1～75.0	65.0～95.0	+0.1～+20.0	+0.1～+20.0	+0.1～+20.0
	75.1～85.0	75.0～100.0	-5.0～+20.0	-5.0～+20.0	-5.0～+15.0
	85.1～95.0	80.0～105.0	-10.0～+15.0	110.0～+15.0	-10.0～+10.0
	95.1～105.0	85.0～105.0	-15.0～+10.0	-15.0～+10.0	-15.0～+5.0
	105.1～115.0	90.0～110.0	-20.0～-0.1	-20.0～-0.1	-25.0～-5.0
	>115.0	≤110.0	<0.0	<0.0	<0.0

注：1）气候区应符合《建筑气候区划标准》（GB 50178—1993）的规定。
　　2）新建城市（镇）、首都的规划人均城市建设用地面积指标不适用本表。

2. 新建城市（镇）的规划人均城市建设用地面积指标宜在 85.1～105.0m²/人内确定。

3. 首都的规划人均城市建设用地面积指标应在 105.1～115.0m²/人内确定。

4. 边远地区、民族地区城市（镇）以及部分山地城市（镇）、人口较少的工矿业城市（镇）、风景旅游城市（镇）等，不符合表 2-1 规定时，应专门论证确定规划人均城市建设用地面积指标，且上限不得大于 150.0m²/人。

5.编制和修订城市（镇）总体规划应以本标准作为规划城市建设用地的远期控制标准。

二、规划人均单项城市建设用地面积标准

1.规划人均居住用地面积指标应符合表 2-2 的规定。

表 2-2　人均居住用地面积指标（m²/人）

建筑气候区划	Ⅰ、Ⅱ、Ⅵ、Ⅶ气候区	Ⅲ、Ⅳ、Ⅴ气候区
人均居住用地面积	28.0～38.0	23.0～36.0

2.规划人均公共管理与公共服务设施用地面积不应小于 5.5m²/人。

3.规划人均道路与交通设施用地面积不应小于 12.0m²/人。

4.规划人均绿地与广场用地面积不应小于 10.0m²/人，其中人均公园绿地面积不应小于 8.0m²/人。

5.编制和修订城市（镇）总体规划应以本标准作为规划单项城市建设用地的远期控制标准。

三、规划城市建设用地结构

1.居住用地、公共管理与公共服务设施用地、工业用地、道路与交通设施用地和绿地与广场用地五大类主要用地规划占城市建设用地的比率宜符合表 2-3 的规定。

表 2-3　规划城市建设用地结构

用地名称	占城市建设用地的比率（%）
居住用地	25.0～40.0
公共管理与公共服务设施用地	5.0～8.0
工业用地	15.0～30.0
道路与交通设施用地	10.0～25.0
绿地与广场用地	10.0～15.0

2.工矿城市（镇）、风景旅游城市（镇）以及其他具有特殊情况的城市（镇），其规划城市建设用地结构可根据实际情况具体确定。

第三节　乡村工业用地规划设计

工业生产是美丽乡村经济发展的主要因素，也是加快乡村现代化的根本动力，它

往往是美丽乡村形成与发展的主导因素。因此乡村工业用地的规模和布局直接影响乡村的用地组织结构，在很大程度上决定了其他功能用地的布局。

工业用地的布置形式应符合如下要求：乡村工业用地的规划布置形式，应根据工业的类别、运输量、用地规模、乡村现状以及工业对美丽乡村环境的危害程度等多种因素综合决定。一般情况下，其布置形式主要有如下 3 种。

1. 布置在乡村内的工业

在乡村中，有的工厂用地面积小，货运量不大，用水与用电量又少，但生产的产品却与乡村居民生活关系密切，整个生产过程无污染排放，如小五金、小百货、小型食品加工、服装缝纫、玩具制造、文教用品、刺绣编织等工厂及手工业企业。这类工业企业可采用生产与销售相结合的方式布置，形成社区性的手工业作坊。

工业用地布置在村镇内的特点是为居民提供就近工作的条件，方便职工步行上下班，减少了交通量。

2. 布置在乡村边缘的工业

根据近几年乡村工业用地的布置来看，当前布置在乡村边缘的工业较多。按照相互协作的关系，这类布置应尽量集中，形成一个工业小区。布置在村边缘的企业，所生产的产品就可以通过公路、水运、铁路等运输形式进行发货和收货。这类企业主要是机械加工、纺织厂等。

3. 布置在远离乡村的工业用地

在乡村中，有些工业受经济、安全和卫生等方面要求的影响，宜布置在远离乡村的独立地段。如砖瓦、石灰、选矿等原材料工业；有剧毒、爆炸、火灾危险的工业；有严重污染的石化工业和有色金属冶炼工业等。为了保证居住区的环境质量，规划设计时，应按当地最小风频、风向布置在居住区的下风侧，必须与居住区留有足够的防护距离。

第四节　乡村农业用地规划设计

农业用地又称农用地，指直接或间接为农业生产所利用的土地，包括耕地、园地、林地、牧草地、养捕水面、农田水利设施用地（如水库、闸坝、堤埝、排灌沟渠等），以及田间道路和其他一切农业生产性建筑物占用的土地等。农业用地利用的合理性标准为：要求达到环境、社会、经济、生态等方面效益的统一，以保持良性循环，永续利用。

各地要根据农业发展规划和土地利用规划，在保护耕地、合理利用土地的前提下，积极引导设施农业发展。设施建设应尽量利用荒山荒坡、滩涂等未利用地和低效闲置的土地，不占或少占耕地，严禁占用基本农田。确需占用耕地的，也应尽量占用劣质耕地，避免滥占优质耕地，同时通过工程、技术等措施，尽量减少对耕作层的破坏。

第五节 乡村道路用地规划设计

"要想富，先修路"是乡村发展的精辟总结，"村村通"工程为乡村发展奠定了坚实的基础。公路在乡村中的布置应遵守如下要求。

在规划美丽乡村对外交通公路时，通常是根据公路等级、乡村性质、乡村规模和客货流量等因素来确定或调整公路线路走向与布置。在乡村中，常用的公路规划布置方式如下：

1. 把过境公路引至乡村外围，以切线的布置方式通过乡村边缘。这是解决原有乡村道路与过境公路之间的矛盾经常采用的一种有效方法。

2. 将过境公路迁离村落，与村落保持一定的距离，公路与乡村的联系采用引进入村道路的方法来布置。

3. 当乡村汇集多条过境公路时，可将各过境公路的汇集点从村区移往村的边缘，采用过境公路绕过乡村边缘组成乡村外环道路的布置方式。

4. 过境公路从乡村功能分区之间通过，与乡村不直接接触，只是在入口处与乡村道路相连接。

5. 高速公路的定线布置可根据乡村的性质和规模、行驶车流量与乡村的关系，划分为远离乡村或穿越乡村两种布置方式。若高速公路对本村的交通量影响不大，则最好远离该村布置，另建支路与该村联系；若必须穿越乡村，则穿入村区段的路面应高出地面或修筑架桥，形成全程立交和全程封闭的形式。

第六节 乡村公共建筑用地规划设计

乡村公共建筑用地与居民的日常生活息息相关，并且占地较多，所以乡村的公共建筑用地的布置，应根据公共建筑不同的性质来确定。在布置上，公共建筑用地应布置在位置适中，交通方便，自然地形富于变化的地段，并且要保证与村民生活方便的服务半径，有利于乡村景观的组织和安全保障等。

1. 乡村中的日常商业用地

与村民日常生活有关的日用品商店、粮油店、菜场等商业建筑，应按最优化的服务半径均匀分布，一般应设在村的中心区。

乡村集贸市场，可以按集贸市场上的商品种类、交易对象确定用地。集贸市场商品种类可分为如下几类：

1）农副产品。主要有蔬菜、禽蛋、肉类、水产品等。

2）土特产品。当地山货、土特产、生活用品、家具等。

3）牲畜、家禽、农具、作物种子等。

4）粮食、油料、文化用品等。

5）工业产品、纺织品、建筑材料等。

对于在集贸市场上的农副产品和土产品，与乡村居民的生活有着密切关系，所以应在村子的中心位置布局，以方便村民的生活需要。

对于新兴的物流市场、花卉交易市场、再生资源回收市场、农业合作社交易市场等，也应在规划用地中给予充分的考虑。

从乡村的集贸市场和专业市场来看，其平面表现形式有两种：沿街带状或连片面状。对于专业市场的用地规模，应根据市场的交易状况以及乡村自身条件和交易商品的性质等因素进行综合考虑后确定。

2. 学校、幼儿园教育用地

设置在中心村的学校和幼儿园建筑用地，应设在环境安静、交通便利，阳光充足、空气流通、排水通畅的地方。对于幼托所，可设置在住宅区内。

3. 医疗卫生、福利院用地

为改善百姓就医环境，满足基本公共卫生服务需求，缩小城乡医疗差距，达到小病不出村，老有所养，乡村卫生所和老年福利院建设不可忽视。规划村级卫生所和老年福利院，要选择阳光充足、通风良好、环境安静，方便就诊和养老的地方，并且所前院内应有足够的停放车位置。

4. 村级行政管理用地

对于中心村来讲，村级行政管理建筑用地可包括村委办公、文化娱乐、旅游接待等。应结合相应的功能选择合适的地方，并要有足够的发展空间。

第七节　乡村居住用地规划设计

为乡村居民创造良好的居住环境，是乡村规划的目标之一。为此在乡村总体规划阶段，必须选择合适的用地，处理好与其他功能用地的关系，确定组织结构，配置相应的服务设施，同时注意环保，做好绿化规划，使乡村具有良好的生态环境。

乡村人居规划的理念应体现出人、自然、技术内涵的结合，强调乡村人居的主体性、社会性、生态性及现代性。

一、乡村人居的规划设计

乡村居住建设工作要按"统一规划，统一设计，统一建设，统一配套，统一管理"的原则进行，改变传统的一家一户各自分散建造，为统一的社会化综合开发的新型建设方式，并在改造原有居民单院独户的住宅基础上，建造多层住宅，提高住宅容积率和减少土地空置率，合理规划乡村的中心村和基层村，搞好退宅还耕，扩大农业生产规模，防止土地分割零碎。乡村居住区的规划设计过程应因地制宜，结合地方特色和自然地理位置，注意保护文化遗产，尊重风土人情，重视生态环境，立足当前利益并兼顾长远利益，量力而行。

中心村应建于交通便利处，发挥城镇与基础村的纽带作用，推广多层住宅以节约土地。政府需统一规划，禁止私人单建，推动住宅商品化。基层村布局应便于农林牧副渔生产，将零散自然村整合为行政村，促进规模经济。住宅宜采用联排多层设计，分区明确，底层仓储，其余居住，以高效利用土地。

二、乡村居住用地的布置方式和组织

美丽乡村居住用地的布置一般有两种方式：

1. 集中布置。乡村的规模一般不大，在有足够的用地且用地范围内无人为或自然障碍时，常采用这种方式。集中布置方式可节约市政建设的投资，方便乡村各部分在空间上的联系。

2. 分散布置。若用地受到自然条件限制，或因工业、交通等设施分布的需要，或因农田保护的需要，则可采用居住用地分散布置的形式。这种形式多见于地形复杂的乡村。

乡村由于人口规模较小，居住用地的组织原则是：服从乡村总体的功能结构和综合效益的要求，内部构成同时体现居住的效能和秩序；居住用地组织应结合道路系统的组织，考虑公共设施的配置与分布的经济合理性以及居民生活的方便性；符合乡村居民居住行为的特点和活动规律，兼顾乡村居住的生活方式；适应乡村行政管理系统的特点，满足不同类型居民的使用要求。

第八节 乡村旅游用地规划设计

乡村旅游在推动乡村产业转型、增加农民收入以及优化乡村资源配置方面发挥着重要作用。乡村振兴战略强调发展休闲农业和乡村旅游，打造多功能休闲观光区，以促进农村新产业的崛起。但当前旅游规划在土地利用方面尚存在明显不足，《旅游规划通则》虽对旅游规划提出总体要求，但未具体涉及旅游土地利用的细则。

在近 20 年的旅游规划实践中，旅游土地利用规划存在两大问题：旅游用地界定不明、建设用地指标获取困难、编制技能不足，多数规划单位在编制过程中未能充分考虑土地利用总体规划，导致旅游用地概念模糊；《旅游规划通则》中未明确旅游项目建设用地指标的落实方式，使得规划单位对土地利用规划重视不足，难以区分旅游建设用地与非建设用地，制约了旅游区土地的科学利用和旅游业的健康发展。

为推动乡村旅游的健康发展，应加强对旅游区土地规划利用的重视和编制技能的提升，明确旅游用地界定，落实建设用地指标，并与国土空间规划相衔接，以实现乡村旅游资源的优化配置和科学布局。基于乡村振兴下的旅游区土地利用规划思考如下：

进入 21 世纪，旅游用地界定开始引起社会各界的关注，特别是 2012 年原国土资源部将桂林市列为旅游产业用地改革试点城市，探索政策创新和突破，一些专家就此提出了一套完整的旅游用地分类体系，并将旅游用地分类体系与土地利用现状分类标准、城市规划分类体系进行衔接，推动了旅游产业用地研究不断深入。因此，旅游区土地利用规划须以理解旅游用地的内涵和外延为前提，方能编制好其内容。

践行"多规合一"理念。乡村振兴须有产业支撑，产业发展须有建设用地指标的保障。原有的旅游规划编制实践，忽略了旅游建设用地指标的落实，影响了乡村旅游业的发展。新形势下，应践行和落实旅游规划"多规合一"，体现与国土空间规划衔接。反映到规划编制上，就是体现土地利用规划的章节内容，将旅游土地利用规划作为乡村振兴战略的基础和重要指南，科学落实旅游用地建设指标。其重点内容主要包括：一是科学编制旅游土地利用规划章节，包括现状分析、用地规划、措施及与国土空间规划的衔接，明确地块用途、建设指标来源，并通过图层叠加实现"多规合一"；二是活用各类用地政策，结合项目实际情况，优化旅游用地利用，减少建设用地需求；三是盘活农村建设用地，通过内部挖潜和影像图分析，寻找可用建设用地指标，并创新管理方式，实现与国土空间规划的无缝衔接；四是提升旅游规划地位，将旅游用地纳入未来国土空间规划，促进旅游区土地利用规划的科学完善。通过这些措施，可推动乡村旅游业的健康发展。

第九节　乡村无障碍规划设计

随着国家对乡村振兴战略的持续推进，无障碍规划与设计成为提升农村居民生活品质、促进社会公平正义的重要一环。2023 年 6 月 28 日，习近平总书记签署第六号、第七号主席令。第六号主席令说，《中华人民共和国无障碍环境建设法》已由中华人民共和国第十四届全国人民代表大会常务委员会第三次会议于 2023 年 6 月 28 日通过，现予公布，自 2023 年 9 月 1 日起施行。《无障碍环境建设法》正式施行，标志着无障碍环境建设工作进入新阶段。《无障碍环境建设法》设专章规定无障碍信息交流，是贯彻落实习近平总书记重要指示精神的关键举措，也是站稳"人民立场"，保障残疾人、老年人权益的重要体现，更是推进我国信息无障碍建设工作高质量发展的法治保障。

新农村无障碍规划与设计，旨在通过科学合理的规划布局和人性化的设计理念，确保农村居民无论年龄、性别、能力状况如何，都能平等、方便地使用公共设施、道路和交通工具，这不仅关系到农村居民的日常生活便利度，更是体现社会文明程度和人权保障的重要标志。无障碍环境的建设，能够有效提升农村居民的生活幸福感和归属感，促进农村社会和谐稳定。

一、新农村无障碍设计标准原则

无障碍环境建设应当与经济社会发展水平相适应，统筹城镇和农村发展，逐步缩小城乡无障碍环境建设的差距。

新建、改建、扩建的居住建筑、居住区、公共建筑、公共场所、交通运输设施、城乡道路等，应当符合无障碍设施工程建设标准。新建、改建、扩建的无障碍设施应当与周边的无障碍设施相衔接。

无障碍设施应当设置符合标准的无障碍标识，并纳入周边环境或者建筑物内部的引导标识系统。

新建、改建、扩建的公共建筑、公共场所、交通运输设施以及居住区的公共服务设施，应当按照无障碍设施工程建设标准，配套建设无障碍设施。既有的上述建筑、场所和设施，不符合无障碍设施工程建设标准要求的，应当进行必要的改造。

停车场应当按照无障碍设施工程建设标准，设置无障碍停车位，并设置显著标志标识。无障碍停车位优先供肢体残疾人驾驶或者供他们乘坐的机动车使用，其他行动不便的老年人、孕妇、婴幼儿等群体驾驶或者乘坐的机动车也可以使用。优先使用无障碍停车位的机动车主，应当在显著位置放置残疾人车辆专用标志或者提供残疾人证。

二、新农村无障碍设计实施举措

开展创建新农村无障碍工作是落实习近平总书记关于"全面建成小康社会，残疾人一个也不能少"的重要指示精神的关键举措，保障包括残疾人、老年人、孕妇、儿童等在内的全体社会成员平等参与、融入社会生活权益，增强人民群众的获得感、幸福感、安全感，促进住房和城乡建设事业高质量发展。建设新农村无障碍设计规划主要有以下措施：

1）强化规划引领与制度保障

在制定乡村规划时，应明确无障碍环境建设的要求和标准，并将其纳入总体规划之中，加强制度建设，为无障碍规划提供法律和政策保障。除了已有的《无障碍环境建设法》等法律法规，还应根据农村地区的实际情况，制定更加具体、细化的地方性法规和政策措施，确保无障碍规划能够有效执行。不断加大农村无障碍环境建设投入，进一步满足农村残疾人、老年人对基本公共服务的需求，适应他们平等参与社会生活的需要。

2）完善基础设施与公共服务体系

政府机关、公共服务场所要加强无障碍环境改造。结合老旧小区改造、脱贫攻坚、农村人居环境整治三年行动等工作，统筹考虑城镇居住区和农村的无障碍环境建设需求。

新农村应重点加强道路、桥梁、公共交通工具、公共建筑等基础设施的无障碍设计。例如，道路应设置合理的坡道和盲道，方便轮椅使用者和视力障碍者通行；公共交通工具应配备无障碍设施，如轮椅固定装置、低位车门等；公共建筑应设置无障碍通道、卫生间等设施，确保所有人都能方便地使用。同时完善公共服务体系，提升农村居民的生活质量。这包括教育、医疗、文化、体育等各方面的公共服务。例如，学校应提供无障碍教室和宿舍，方便残疾学生学习和生活；医疗机构应设置无障碍病房和诊室，为残疾人提供及时、有效的医疗服务；文化体育场所应配备无障碍设施，满足残疾人的文化体育需求。

第十节　规划设计实例：秋石路延伸工程——丁山河村拆迁农居安置点市政配套工程

该项目整体鸟瞰图见图 2-1。

一、工程概况及场地现状分析

本项目地处临平区超山丁山河村，北靠江南水乡塘栖古镇，南依"十里梅花香雪海"超山风景名胜区及丁山河洋，是江南"鱼米之乡"的完整缩影。地块南面张柴线为丁山河村主要村道，西面秋石路为塘栖镇连接崇贤与杭州的快速通道。地理位置优越，水陆网络发达，交通便利。

1.地理位置及区位分析

项目区块地址位于张柴线以北，秋石路以东，用地面积约为 75 亩（1 亩 =666.67m²）（图 2-2 ～图 2-3）。（场地现状区位分析）见图 2-4。

2. 市政条件

考虑到地形和规划因素，设计中小区给水管道、电力管道、电信管道、燃气管道等都由张柴线引入地块内。

基地内设雨水管网和污水管网，再通过管网分别排入张柴线上的市政雨水管道和污水管道。

图 2-1　丁山河村拆迁农居安置点市政配套工程鸟瞰图

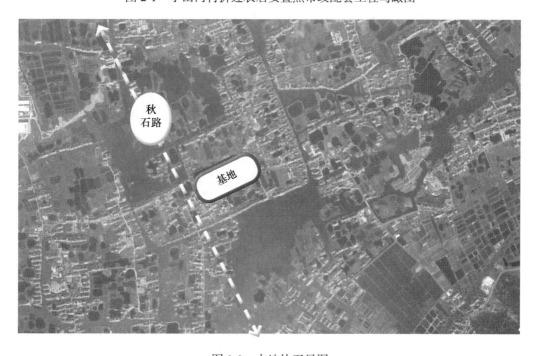

图 2-2　本地块卫星图

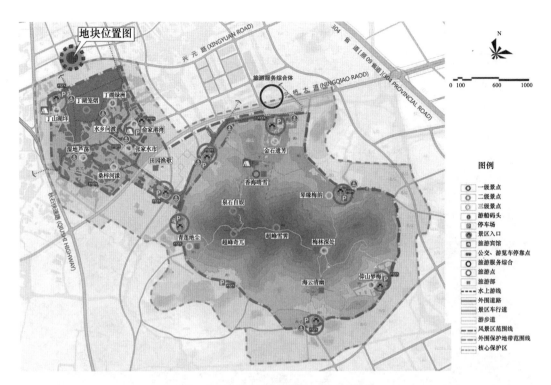

图 2-3　地块与超山风景区的位置图

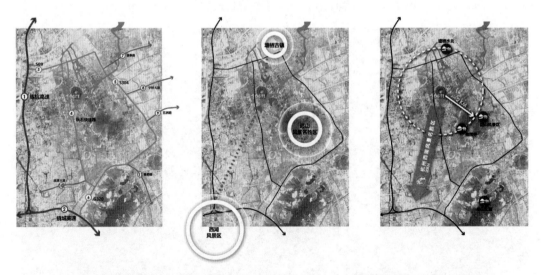

　　本项目地处丁山河洋水系，北靠江南水乡塘栖古镇，南依"十里梅花香雪海"的超山风景名胜区及丁山河洋，是江南"鱼米之乡"的完整缩影。

　　本项目地理位置优越，周边主要风景名胜区距离地块 2km 以内，适合农旅文化的发展。

　　地块南面张柴线为丁山河村主要村道，西面秋石路延伸段为连接塘栖镇与杭州的快速通道。区块地理位置优越，水陆网络发达，交通便利。

图 2-4　丁山河村拆迁农居安置点场地区位分析图

3. 现状分析

地块外北侧现存宽约 25m 河道，南侧隔路相望为丁山河洋，西侧秋石路以内现存待整治农居房若干，东侧为邻村规划用地。地块内现状鱼塘大小共 14 个，特种鱼塘（黑鱼）约 20 亩，其他鱼塘约 7 亩，农田约 28 亩，旱地约 20 亩（图 2-5、图 2-6）。

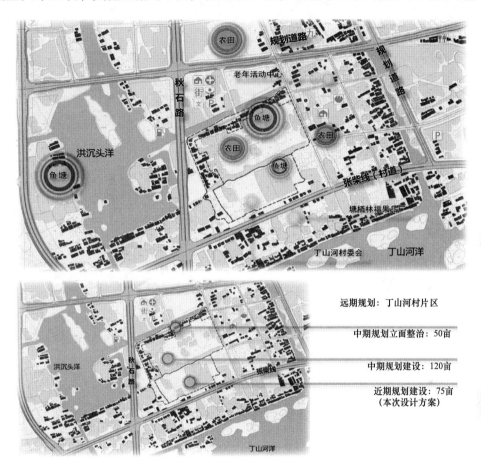

图 2-5　丁山河村拆迁农居安置点现状布局图

二、建设规模和项目组成

本项目为秋石路延伸工程拆迁安置点，需安置户数 72 户（秋石路 63 户，秋石路绿化 6 户，安置点 3 户）。近期规划为张柴线以北 75 亩，现状为农田和水塘，交通方便，场地平整，环境优美。中期规划继续用于新建拆迁安置以及对地块周边农房引导性的自主翻建，为该地块以北 120 亩。

近期规划用地面积 50030m²，合 75.045 亩；总建筑面积约 31388.14m²，容积率 0.67，建筑密度 23.0%；由 80 幢住宅楼及公共活动配套用房组成。

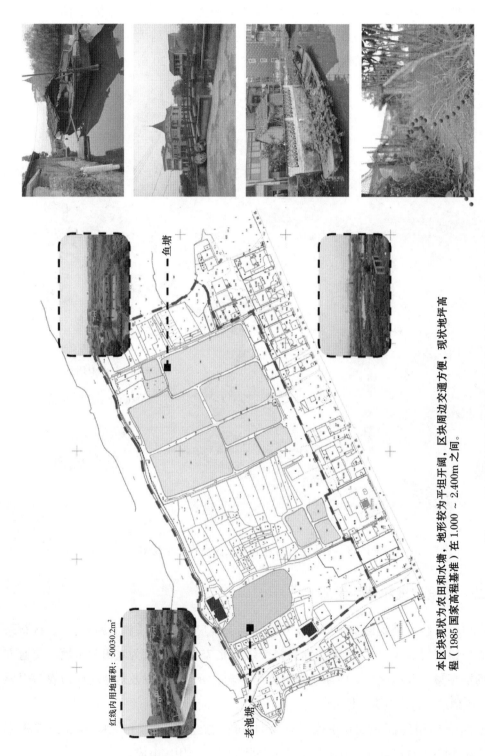

本区块现状为农田和水塘，地形较为平坦开阔，区块周边交通方便，现状地坪高程（1985 国家高程基准）在 1.000 ～ 2.400m 之间。

图 2-6　丁山河村拆迁农居安置点市政配套工程周边现状图

三、设计原则

1. 指导原则

本方案以江南水乡风格的"杭派民居"为设计主题，以中国传统建筑文化与造诣为根本，发掘新型城镇化的可能性。

2. 居住区院落布局的建立

在建筑历史的演变过程中，"杭派民居"中的院落既是传统村落的历史文化遗产，同时也是农村生活迫切回归的居住状态。院落的布置接近自然，与景相关，同时不同尺度的院落使建筑具有可识别的空间环境。并且，在传统村落中，村民日常生活和生产功能可以与其并置和混合。但由于传统院落往往伴随阴暗、潮湿的生活环境，而乡村的更新发展应符合村民当代生活的要求，因而今天的民居院落布局已不可能也不应该与早先的村落布局完全一致。现今的农村居住区设计应能够符合当今农村民居发展规划，同时能够保护村落内在价值以及自主性，强化村民的凝聚力和对家园的认同感。

本方案设计通过符合基地的规划、简单的建造和注重合理的空间塑造，将传统杭派民居中的建筑风貌与空间环境融入方案，继承和发展民居中院落式的空间布局，并以动态的眼光看待村落的发展，结合历史条件和现代生活，注重基础设施的改造和建设，以因地制宜的做法体现村民的意愿，使村民自动参与。

3. 空间层次

本居住区方案传承"杭派民居"的建筑风貌与布局，设计中打破传统偏兵营式布置的拆迁安置小区模式（两户联体），而采用"杭派民居"中院落式的空间布局，营造出丰富的空间层次。空间层次包括居住区开放空间（小区公共活动场所）、半开放空间（组团公共院落）、半私密空间（宅内前后院）和私密空间（户内空间）。

四、设计理念

本规划设计方案在结合当地文化民俗的基础上，力求突破常规安置房建设的模式（两户联体），努力打造院落式的"杭派民居"人文社区，整个布局体现以下六大理念：

理念一：错落有致。组团院落式的排布激发出无限的可能性，使每个组团的院落空间、巷道、街景以及景观节点都更具有识别性，使建筑错落有致，不再单一排布。

理念二：人车分流。组团院落式能有效实现人车分流，实现组团内人行、组团外车行系统。

理念三：安全便利。组团院落式能有效提高地块内的安全性，老、幼群体均可在公共院落中休憩玩耍，利于家族式的群居模式。

理念四：公共空间。每个院落均有一个活动中心，以此加强村民之间的交流，强化村民的凝聚力和对家园的归属感。

理念五：有效绿地。组团院落式将原本分散的绿地空间集聚，使庭院内的景观体验更为丰富。

理念六：地域特色。设计中将原有古池塘、枇杷树等有地域特征的事物保留下来，为整个居住区增添了人文气质与情怀（图2-7～图2-9）。

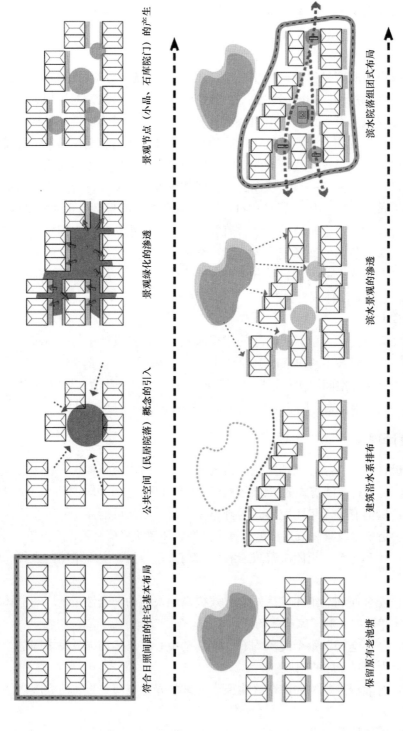

符合日照间距的住宅基本布局　公共空间（民居院落）概念的引入　景观绿化的渗透　景观节点（小品、石库院门）的产生

保留原有老池塘　建筑沿水系排布　滨水景观的渗透　滨水院落组团式布局

图 2-7　丁山河村拆迁农居安置点市政配套工程思路演化图（一）

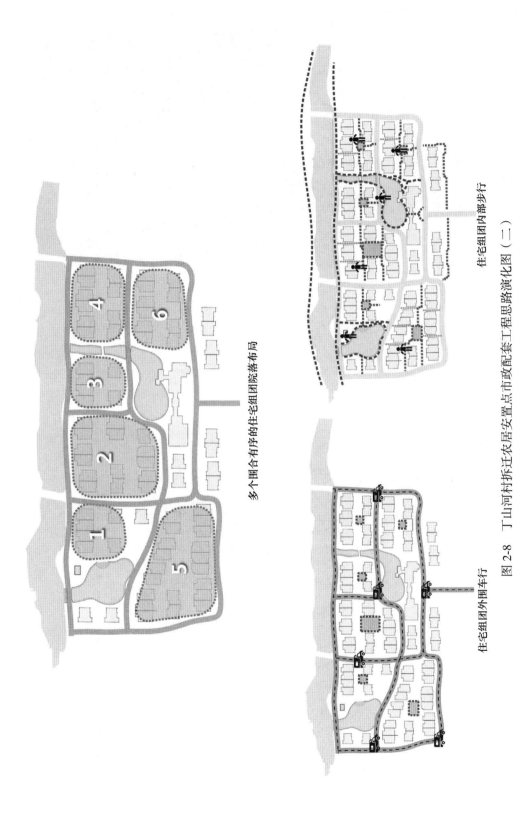

多个围合有序的住宅组团院落布局

住宅组团内部步行

住宅组团外部车行

图 2-8 丁山河村拆迁农居安置点市政配套工程思路演化图（二）

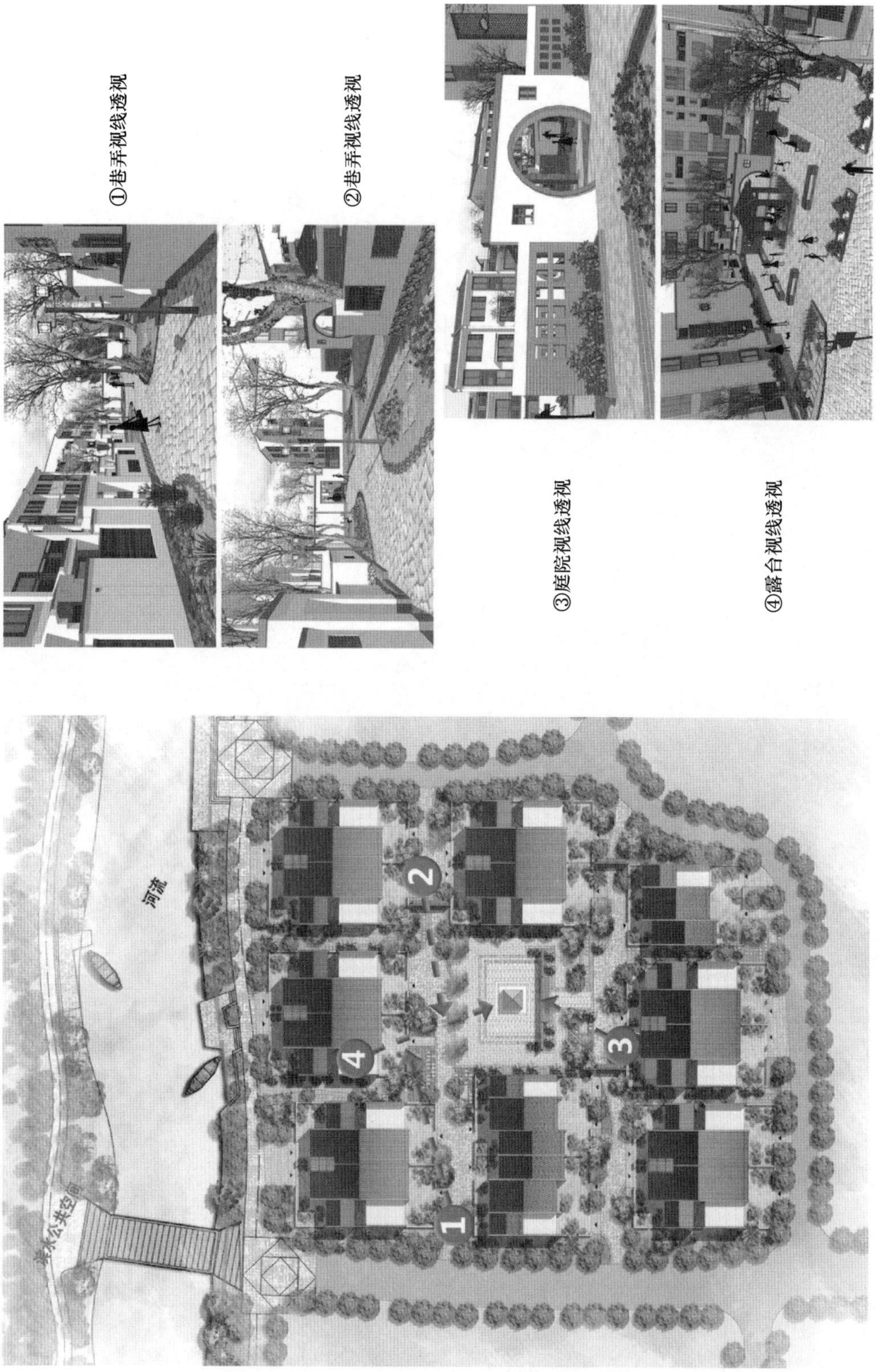

①巷弄视线透视

②巷弄视线透视

③庭院视线透视

④露台视线透视

图 2-9　丁山河村拆迁农居安置点市政配套工程组团布置图

五、设计指导思想

1. 总体布局要求紧凑合理，功能分区明确；要做到节能、节地。

2. 总体布局上，采用"杭派民居"组团院落式的空间布局。

3. 单体建筑融入绿色、节能理念，达到经济节能要求。

六、总体技术经济指标

总体技术经济指标详见表2-4。

表2-4　总体技术经济指标表

农居拆迁安置经济技术指标		备注
用地面积（m²）	50030.2	含保留水域面积：2647.0
实际用地面积（m²）	47383.2	不含保留水域面积
总建筑面积（m²）	31388.14	—
其中	住宅建筑面积（m²）　30033.56	—
	配套用房建筑面积（m²）　1254.58	—
机动车位（个）	132	—
其中	户内机动车位（个）　80	—
	公共机动车位（个）　52	—
总户数（户）	80	—
绿地率（%）	31.94	—
建筑占地面积（m²）	10867.48	—
建筑密度（%）	23.0	—
容积率	0.67	—

七、户型配比统计

户型配比统计详见表2-5。

表2-5　户型配比统计表

户型配比统计表						
占地面积（m²）	套型	户型面积（m²）	套数（户）	比率（%）	总面积（m²）	配置车位（个）
125	A	376.8	45	56.25	5625	45

户型配比统计表						
占地面积 （m²）	套型	户型面积 （m²）	套数 （户）	比率 （%）	总面积 （m²）	配置车位 （个）
125	B	370.9	5	6.25	625	5
125	C	369.3	17	21.25	2125	17
125	D	375.3	13	16.25	1625	13
总计			80		10000	80

注：A、B 户型为大进深小开间，C、D 户型为小进深大开间。

第十一节　规划设计实例：东林镇泉益村美丽乡村精品村

一、工程概况

泉益村座落于东林镇东南部，距镇区约 6km，东靠泉庆村，南邻德清县曲溪村，西依泉心村，北接泉庆村与泉心村。村庄水路便利，东侧杭州港向北可至东林、菱湖、和孚等吴兴各村镇，向南即到德清。陆路交通主要依靠南侧泉益泉庆公路接保戈公路对外联系（图 2-10）。

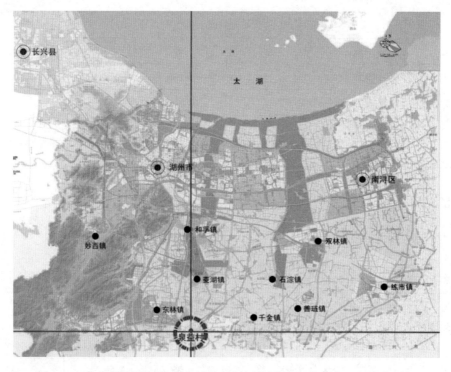

图 2-10　东林镇泉益村美丽乡村精品村区位图（东林东南，两区交界）

二、工程规模及人口情况

本次规划范围包括泉益村行政管辖范围，面积约为 109 公顷（1.09km²）。人口情况：泉益村现状户籍人口共 996 人，其中 7 个自然村共 643 人，泉益新村安置本村人口共 353 人（图 2-11）。

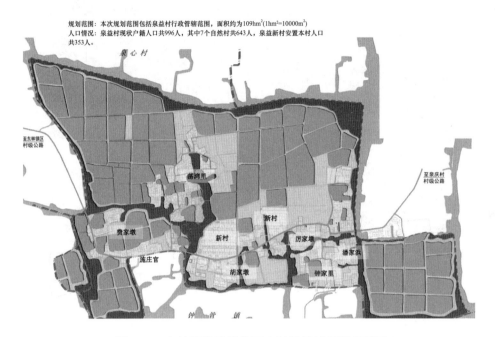

图 2-11　东林镇泉益村美丽乡村精品村规划范围图

三、现状分析

第一印象：水乡泉益。泉益村最大的资源优势就是"水"。全村水域面积总共 1000余亩，超过整个村域面积的 60%。泉益的一切，包括生产、生活、生态，"三生"空间都与"水"有关。

1. "生产"与"水"有关，包括水塘、水田。水塘，其为典型的渔业养殖村：村域内现有 900 亩左右的耕地，其中 553 亩为鱼塘，主要分布在村域的北侧及东部。前几年村庄经过产业升级，将村域内大大小小的鱼塘进行了有序整合。2018 年完成渔业特色村尾水治理项目，覆盖鱼塘 500 多亩，主要养殖鱼、虾等水产。水产养殖已成为泉益村经济收入的主要来源，也成为泉益村的特色产业（图 2-12）。水田，少量、分散布局：村域内部分散着几片水田，约 352 亩，主要种植水稻、油菜等季节性农作物。农田始终是粮食安全保障和生态环境保护的重要基础，也是村庄未来发展休闲农业、现代农业的重要载体（图 2-13）。

图 2-12　东林镇泉益村美丽乡村精品村现状鱼塘分布图

图 2-13　东林镇泉益村美丽乡村精品村现状水田分布图

2. "生活"与"水"有关,其为运河古村、枕水而居。泉益村一直保留着水乡人特有的生活习俗,即依水而建、枕水而居,整个村庄除新村以外,农房基本依水而建。村庄依托自然水系,肌理自然、错落有致,水在村中,房依水建,村落与水系相依相融、天人合一,这种水乡人枕水而居的独特生活方式,是独具特色的自然生态与人文生态最完美的结合。泉家潭是昔日杭湖锡航道上重要的老码头,今日的省级传统村落;荡湾里半陆半水、水与村错落交织(图2-14)。荡湾里依旧保持水乡村落"枕水而居"的特色,但是建筑立面和形式各异。荡湾里东南侧建了滨水公园,设置木栈道、游步道、亭、廊、码头等,并配置停车场和公厕,整体环境非常优美。2000年以后,泉益村农户已脱离"依水而居"的生活习惯,村庄建设主要沿着泉庆公路展开。已建新村分为3个组团,共118户,建筑多为三开间联排,红砖欧式风格,兵营式布局。新村环境良好,但形式现代,失去了泉益水乡的风貌特征。新建的社区服务中心和文化礼堂建于泉庆公路南侧,形成了泉益村的公共服务中心。

图2-14 水陆交织的荡湾里

3. "生态"与"水"有关,包括乡野河流、水生植物。乡野河流纵横交织,蜿蜒多趣。泉益村四面环水,村域东侧南北向的杭州港更是颇有名气。村庄内部河道纵横交织,蜿蜒曲折,形态丰富,特别是荡湾里一带,河流自然岸线及水质都保持得非常好(图2-15)。水生植物品种繁多,植被丰富,原生自然。泉益村村域内植被丰富,许多植被与水有关,如水杉、垂柳、荷花等,而香樟树、竹子、桑树、桂花树等植被星星点点散落在村域各个角落。特别在村庄的河道旁,具有年代的大树随处可见,且形态较好,村庄原生态自然环境非常好。

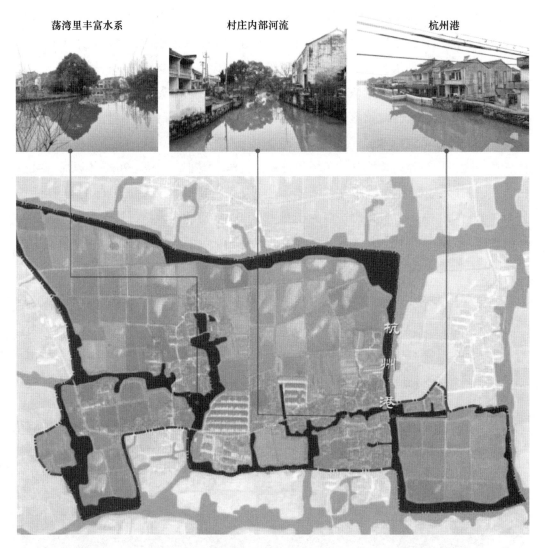

图 2-15　河流分布图

四、泉益村全区域规划设计

规划保留荡湾里自然村和泉益古村落（包含潘家浜自然村和厉家墩自然村部分）两部分，新建安置新村一处，形成"一村两点"的布局方式。保留荡湾里自然村和泉益古村落，在中间设置新村点一处。村域内共计人口 1140 人，住宅用地 9.72hm²（图 2-16）。

规划形成 "一村两点" 的布局方式

规划保留荡湾里自然村和泉益古村
落（包含潘家浜自然村和厉家墩自然
村部分）两部分，新建安置新村一处，
形成 "一村两点" 的布局方式。

保留荡湾里自然村和泉益古村落，
在中间设置新村点一处。村域内共计
人口1140人，住宅用地9.72hm²。

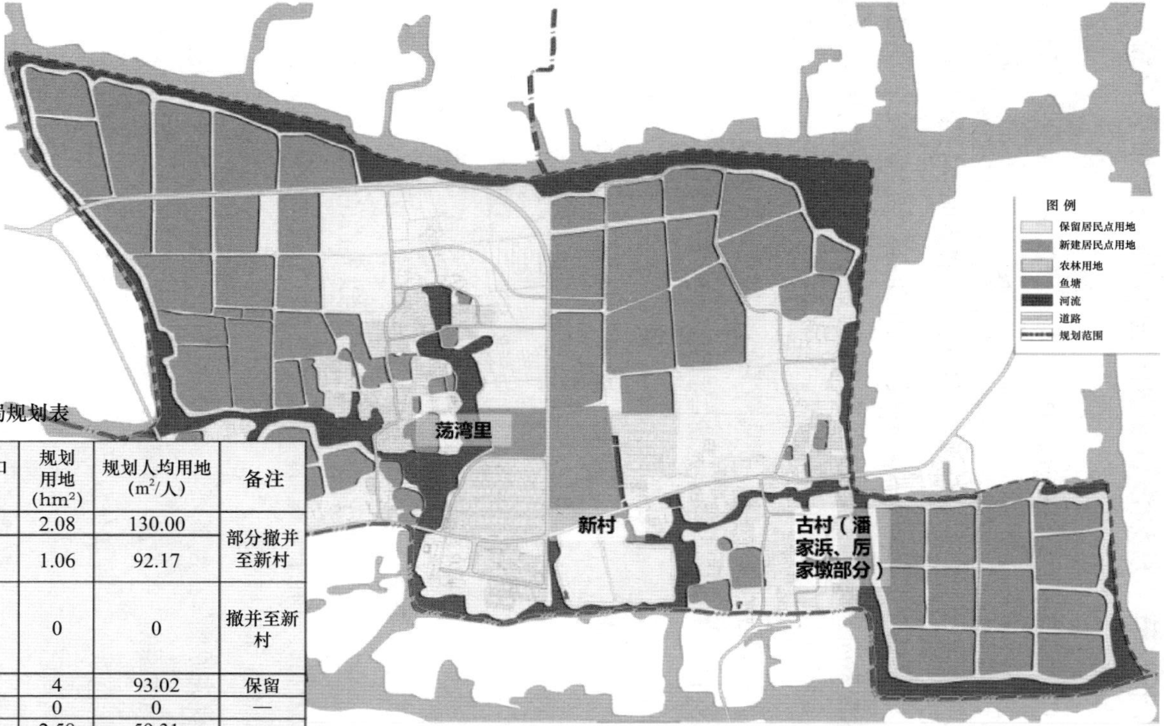

村庄布局规划表

自然村名	现状人口（人）	现状用地（hm²）	现状人均用地（m²/人）	规划人口（人）	规划用地（hm²）	规划人均用地（m²/人）	备注
荡湾里	177	13.93	118.05	160	2.08	130.00	部分撤并至新村
厉家墩	46			115	1.06	92.17	撤并至新村
潘家浜	156						
费家墩	81			0	0	0	撤并至新村
钟家里	76						
胡家墩	32						
施庄省	75			430	4	93.02	保留
已建新村	438			0	0		—
城镇居民	99	0	0	435	2.58	59.31	—
新村	0						
合计	1180	13.93	118.05	1140	9.72	85.26	—

备注：城镇居民也安置于内。

图2-16　"一村两点" 规划布置图

图例
保留居民点用地
新建居民点用地
农林用地
鱼塘
河流
道路
规划范围

古村（潘
家家浜、
家墩部分）

新村

荡湾里

第十二节　规划设计实例：浙江省海宁市袁花镇

海宁市通过实施"美丽乡村提质扩面""人居环境全面提升""特色文化传承保护""创业富民强村""乡风文明培育""农村改革攻坚"六大行动，积极打造以规划美、产业美、生态美、人文美为重点的全域美丽乡村。在省美丽乡村示范县（市）创建中，海宁市将结合"两横四纵"美丽乡村风景线，突出生态化、景观化、产业化、人文化、特色化建设，体现不同的潮乡特色和文化主题，推进美丽潮乡串珠成链、连线成片，促进乡村旅游业等美丽经济发展。重点提升"果园飘香富农路""农耕文化体验带"和"桑田绿韵宜居路"3条精品线路。重点开展精品特色村建设，统筹安排村庄生产、生活、生态空间，对村庄的建筑风格、乡土风情、村落风貌、田园风光、生活风俗、特色产业等进行个性化指引，突出"一村一品""一村一景""一村一韵"的建设主题、村庄的个性和特色，不断显现"产业、文化、旅游、社区"相互叠加的功能。

袁花镇地处海宁市东南部，东距上海120千米，西离杭州70千米。01省道复线穿境而过，杭浦高速及绍嘉跨海大桥将在域内交叉相会，境内河道纵横，省级航道六平申线贯穿全境，水陆交通便利，山清水秀，自然条件优越。袁花镇在美丽乡村建设整体规划中全面关注农村经济、文化、社会、生态等问题，呼应"五位一体"农村视角下的综合规划，一定程度上突破了两类规划局限；以先进的理念和思路、全面的内容、综合的视角研究农村，有利于营造协调的城乡关系，实现城乡统筹发展。

以下为乡村景观规划原则：

（1）"生态优先原则"：生态环境、生态经济、生态人居、生态文化；

（2）"以人为本原则"：关注村民需求，尊重村民意愿，重视村民发展；

（3）"文化特色原则"：保护传承历史文化，深入挖掘文化内涵，弘扬现代文明风尚；

（4）"因地制宜原则"：分级分类，循序渐进。（图2-17）

图2-17　袁花镇美丽村庄区域图

第三章 乡村基础设施规划设计

基础设施规划是新农村建设规划的重要内容，根据乡村联动示范乡建设规划，乡村联动工程重点建设"一线一面一街"，即：入口至镇区一线景观、绿化亮化建设、排水排污设施建设，镇区老街街道排污排水管网及房屋立面改造提升建设以及沿河线一线景观建设等。基础设施的改善是农业和农村发展的有力支撑。科学的基础设施规划，可以有效落实国家政策，为农业增产、农民增收、农村繁荣注入强劲动力。但是社会主义新农村文化基础设施规划仍然存在许多问题，与农村经济建设发展和农民的需求还有一定的差距。因此，我们必须清楚认识到加强新农村基础设施规划的重要性和紧迫性，保证新农村建设沿着社会主义方向健康发展。

第一节 乡村道路工程规划设计

随着我国经济的蓬勃发展，中央政府对"三农"问题的关注度日益提升，特别是对高标准基本农田的建设提出了明确要求。为响应这一号召，自然资源部与财政部联合发布了相关通知，推动了农村土地整治和高标准农田项目的广泛实施。在这些项目中，农村道路设计的比重逐渐增大，其规划设计的合理性与便民性显得尤为重要。另外，我国作为农业大国，农村道路的不规则性和不规律性是显著特征，这既体现在田间道路布局的不规则上，也反映在农民耕作和运输路线的不规律上，且农村用地矛盾突出，农用车辆使用率高，以及部分田间道路的隔水性问题，都是设计中不可忽视的因素。

针对这些特点，规划设计应遵循以下思路：第一，强调现场调查和咨询，深入了解农村土地利用特性、居民生活方式等，与当地村民沟通交流，是设计成功的关键；第二，结合规范与地方实际，道路设计应遵循工程规范，同时在细节处理上应符合当地用工、用料、机械使用等实际情况，确保设计与当地环境相融合；第三，注重资金利用的合理性，在资金有限的情况下，应优先考虑主干田间道路的设计和建设，对于次要生产路可减少投资或交由村民自行调整，以实现资金的最优利用。

根据以上对农村道路特点和规划设计思路的阐述，结合相关规范的要求进行道路工程规划设计。一般情况下，田间道路分为起主干道作用的田间道和支线作用的生产路，规范中要求田间道宽度为 3 ～ 6m。生产路宽度为 3m 以下，主要以 2m 为主，大多采用砂砾石、山皮石为主材。结合上述的一些农村道路特殊性，设计中也曾采用一些特殊方式，比如在处理利用旧路基改建田间道时，主要采用埋设进地涵管的方式解决隔水问题；而新建田间道隔水问题，主要采用开挖路床的方式降低路面标高以方便过水解决。在部分利用率较高的田间道采用级配砂石做路基、水泥混凝土做面层的水泥田间道，但根据经验，为过车方便，水泥路宽度不得小于 4m，且应设置土路，以保证路面结构稳定且保留错车空间；而在特殊情况下，需设计 3m 宽水泥路时，应按规范在一定距离内设置错车道，以方便村民出行、运输。

第二节　乡村给水管网工程规划设计

一、给水管网的布置

农村给水管网是由大大小小的给水管道组成的，根据给水管网在整个给水系统中的作用，可将它分为输水管和配水管网两部分。

1. 输水管

从水源到水厂或从水厂到配水管网的管线，因沿线一般不接用户管，主要承担传输水量的作用，所以被称为输水管。有时，从配水管网接到个别大用水户的管线，因沿线一般也不接用水管，所以，此管线也叫作输水管。

对输水管线选择与布置的要求如下：

1）应能保证供水不间断，尽量做到线路最短，土石方工程量最小，工程造价低，施工维护方便，少占或不占农田。

2）管线走向，有条件时最好沿现有道路或规划道路敷设。

3）输水管应尽量避免穿越河谷、重要铁路、沼泽、工程地质不良的地段，以及洪水淹没地区。

4）选择线路时，应充分利用地形，优先考虑重力流输水或部分重力流输水。

5）输水管线的条数（即单线或双线），应根据给水系统的重要性、输水量大小、分期建设的安排等因素，全面考虑确定。当允许间断供水或水源不止一个时，一般设一条输水管线；当不允许间断供水时，一般应设两条，或者设一条输水管，同时修建有适当容量的安全贮水池，以备输水管线发生故障时供水。

6）当采用两条输水管线时，为避免输水管线因某段损坏而使输水量减少过多，要求在管线之间设连通管相互联系。连通管直径可以与输水管相同或比输水管小20% ～ 30%，以保证在任何一段输水管发生事故时，仍能通过 70% 的设计流量。连通管的间距可按表 3-1 选用。在输水管和连通管上装设必要的闸门，以缩小发生事故时的断水范围，闸门应安放在闸门井内。当供水可靠性要求较低时，闸门数可以适当减少。

表 3-1 连通管间距要求

输水管长度（km）	<3	3～10	10～20
间距（km）	1.0～1.5	2.0～2.5	3.0～4.0

7）在输水管线的最高点上，一般应安装排气阀（管内无水时，能自动打开；管内有水时，能自动关闭），以便及时排出管内空气，或在输水管放空时引入空气。在输水管线的低洼处，应设置泄水阀及泄水管，泄水管接至河道或地势低洼处。

2. 配水管网

配水管网就是将输水管线送来的水，配给农村用户的管道系统。在配水管网中，各管线所起的作用不相同，因而其管径各异，由此可将管线分为干管、分配管（或称配水管）、接户管（或称进户管）3 类。

干管的主要作用是输水至各用水地区，同时也为沿线用户供水，其管径均在100mm 以上。为简化起见，配水管网的布置和计算，通常只限于干管。

分配管的主要作用是把干管输送来的水，配给接户管和消火栓。此类管线均敷设在每一条街道或工厂车间的前后道路下面，其管径均由消防流量来确定，一般不予计算。为了满足安装消火栓所要求的管径，以免在消防时管线水压下降过多，通常规定分配管的管径分为 3 档：最小采用 75～100mm；中等采用 100～150mm；最高采用150～200mm。

接户管就是从分配管接到用户去的管线，其管径视用户用水的多少而定。但当较大的工厂有内部给水管网时，此接户管称为接户总管，其管径应根据该厂的用水量来定。一般的民用建筑均用一条接户管；对于供水可靠性要求较高的建筑物，则可采用两条，而且最好由不同的配水管接入，以增强供水的安全可靠性。

配水管网的布置形式，根据规划、用户分布以及用户对用水安全可靠性的要求程度等，分成为树状网和环状网两种形式。

1）树状网

管网布置呈树状向供水区延伸，管径随所供给用水户的减少而逐渐变小。这种管网管线的总长度较短，构造简单，投资较省。但是，当管线某处发生漏水事故需停水检修时，其后续各管线均要断水，供水的安全可靠性差。由于用水量的减少，树状网的末端管线，管内水流减缓，用户不用水时，甚至停流，致使水质容易变坏。树状网一般适用于用水安全可靠性要求不高的供水用户，或者规划建设初期先用树状网，这样做可以减少一次投资费用，使工程投产快，有利于逐步发展。

另外，对于街坊内的管网，一般亦多布置成树状，即从邻近的街道下的干管或分配管接入。

2）环状网

管网布置两个封闭环状，当任意一段管线损坏时，可用闸门将它与其余管线隔开进行检修，不影响其余管线的供水，因而断水的地区便大为缩小。另外，环状网还可大大减轻因水锤现象所产生的危害，而在树状管网中则往往因此而使管线受到严重损害。但环状网由于管线总长度大大增加，故造价明显比树状网高。

给水管网的布置既要求安全供水，又要贯彻节约的原则。安全供水和节约投资之间难免会产生矛盾，要安全供水必须采用环状网，而要节约投资则最好采用树状网。只有既考虑供水的安全，又尽量以最短的线路敷设管道，方能使矛盾得到解决。所以，在布置管网时，应考虑分期建设的可能。即，先按近期规划采用树状网，然后随着用水量的增长，再逐步增设管线构成环状网。实际上，现有城镇的配水管网多数是环状网和树状网相结合。即，在城镇中心地区布置成环状网，而在市郊或农村，则以树状网的形式向四周延伸。干管的布置（定线）通常应遵循下列原则：

（1）干管布置的主要方向应按供水主要流向延伸，而供水的流向则取决于最大用水户或水塔等调节性构筑物的位置。

（2）通常为了保证供水可靠，按照主要流向布置几条平行的干管，其间并用连通管连接，这些管线以最短的距离到达用水量大的主要用户。干管间距视供水区的大小，供水情况而不同，一般为 500 ～ 800m。

（3）干管一般按规划道路布置，尽量避免在高级路面或重要道路下敷设。管线在道路下的平面位置和高程应符合农村地下管线综合设计的要求。

（4）干管应尽可能布置在高地，这样可以保证用户附近配水管中有足够的压力和减低干管内压力，以增加管道的安全。

（5）干管的布置应考虑发展和分期建设的要求，并留有余地。

考虑以上原则，干管通常由一系列邻接的环组成，并且较均匀地分布在农村整个供水区域。

第三节　乡村排水管网工程规划设计

一、排水现状及分析

旧村排水体制基本为雨污合流排放制，即平常通过村内管道、沟渠收集污水，在下雨时兼顾雨水收集，雨污水经沟渠收集后排入村内鱼塘、农田及自然水体。村民住宅厨房、卫生间、洗涤等污废水排放混乱，新建住宅卫生间污水通过简单的化粪池处理，洗涤、厨房废水未经任何处理直接排放。

旧村污水管网覆盖面积小，建设不合理、不规范，缺少对村民参与的引导，支管接户率较低，建设后无人进行维护和保养，淤堵严重及排水管道因各种原因存在平坡、反坡等现象，排水能力差。污水无法接入先期建设的污水处理设施，导致污水无法有效收集处理，从而影响污水治理工作的效果。

村内沟渠缺乏维护，存在不同程度的淤积，出现水体发黑发臭、富营养化等现象，淤积沟渠易滋生蚊虫，影响农村人居环境及威胁村民的身体健康。

新农村建设过程中村内部分绿地被硬化路面所替代，阻碍了雨水的自然入渗，改变了地表径流渠道，同时部分道路两旁绿地、菜地高于道路，以致绿地、菜地不能发挥调节降雨径流的作用，还增加了道路降雨径流量，导致部分道路积水。

二、排水规划设计原则

1. 与规划相一致

村庄排水整治应与村庄规划相一致，从全局出发，统筹安排，满足村庄规划布局的要求，并与村庄防洪、供水、消防、供电、环保等相关专业规划衔接；同时还应符合国家和各省市颁布的相关规范、规程、标准和规定。

2. 与乡村相协调

村庄排水整治应在兼顾可操作性与实用性下，以海绵城市、生态文明等理念为指导，遵循乡村特色，发展乡土景观为目标，促进农村可持续发展，加强农村生态建设，提升农村人居环境，建设美丽乡村。

3. 与科技同步

充分考虑未来发展的新技术、新设备、新工艺、新材料对排水工程的影响，提高排水工程的科技含量，以节省资金，提高效率。

4. 近远期相结合

村庄排水整治应近、远期结合，以近期为主，充分兼顾远期。对现有排水系统要尽可能掌握准确、详尽的资料，充分考虑现状，尽量利用和发挥原有排水设施的作用，使新规划的排水系统与原有排水系统有机结合。

5. 投资与运行

布置排水系统，应制定合理的排水制度，做到节约能源。雨水采用高水高排、低水低排，充分利用保留水体的调蓄作用，在保证污水收集的同时，优化管径和埋深，尽量不设或少设污水提升泵站，减少管网投资和运行成本。因地制宜，根据客观实际，在保证排水设施运行可靠的前提下，尽量采用节省工程投资、节省用地、节省能源、降低运行成本的规划方案。

三、排水规划设计

村庄排水整治应根据村庄现状排水体制、地形地貌、规划平面布局采用适宜的模式。

（1）沟渠结合分散污水处理系统规划模式。若干户村民雨污水就近收集处理，分散排放，适用于人口密度小、居住分散、地形复杂的村庄。

（2）管渠结合排水处理设施规划模式。村内雨污水通过管道收集，采用分流制、合流制、截流制将雨水进行多点分散排放，村庄的污水集中收集处理排放，适用于人口规模大、居住集中、地势平缓的村庄。

（3）管道结合市政排水管道规划模式。村内雨污水通过管道收集，采用分流制、合流制集中排入市政排水管道中，适用于距城镇较近，易于市政管网收集的城中村、城郊村。

综合考虑村庄现状，在尊重村民意愿的基础上，排水规划建议采用雨污分流体制。污水管网根据地形地势采用分区分片引至污水处理设施集中处理方式。雨水沟渠通过生态明沟、暗沟相结合，采用海绵城市理念，在广场、游道使用透水性铺装，利用浅凹绿地做植草沟，减少雨水径流，同时引入人工水系达到解决村内雨水排放和提升村庄景观效果的目的。

四、污水工程规划设计

1. 污水量

农村生活污水量与用水量息息相关，生活用水量因气候特点、生活习惯、经济条件等因素有不同差异。

2. 污水管网

根据现状地形地势分析和村庄规划布局，可将污水管网划分为片区化布置。各排水分区内主干管布置在主巷道下；在建筑密集、巷道狭窄区域设置接户支管；村民住宅出户管连接支管，支管连接主管。

管道管材污水管选用 HDPE 排水管，小于等于 DN200 污水管选用 PVC-U 排水管。为减小开挖沟槽断面，加快施工进度，延长使用寿命，节约综合成本，防止污水渗漏，排水检查井采用成品塑料检查井，达到节地、节能、节水、节材、环保的效果。

管道排水坡度不小于 5%，管网铺设深度均不超过 1.6m，为避免施工过程中出现塌方，需尽量减小管网埋深，便于管道的施工。

3. 污水处理

污水处理工艺的选择应结合进水水质和环保部门对出水水质的要求，采用适宜的工艺。所选工艺应尽量具有工艺简单、投资省、能耗低、管理易、效果好、运行成本低的特点。

村民住宅所有污废水均接出户管至化粪池后，再接支管至污水主管网，确保所有污废水均进入污水管网。综合考虑用地情况，化粪池采用单户与联户型玻璃钢成品化粪池，化粪池容积选用参考：1户为2m³，2～4户为4m³，5～8户为6m³。

人工湿地是通过人工设计、改造而成的半生态型污水处理系统，通过水生植物的净化作用来实现污水的处理，处理后将水排放至水体。优点是投资少、管理方便、能耗低，水生植物可美化环境，可融入乡村生态环境。缺点是处理效果受季节影响，氮磷去除效果不稳定，占地面积大。

五、雨水及景观水系工程规划设计

1. 雨水工程规划设计

雨水排水原则为充分利用已有沟渠、水面的蓄水功能，采用高水高排、低水低排、多点分散排放原则。提倡采用透水地面、渗水植被和明沟收集雨水，保持土壤湿润，满足地下蓄水功能，而后分散多点就近排入水体，达到节能减排目的。

根据现状地形地势分析、村庄规划布局，将现有沟渠清淤疏通，保留疏通现有沟渠涵洞，部分根据需要设置为盖板暗沟，现有积水点均增设排水沟，保证场地不积水，雨水沟需保证最小排水坡度，基本完善排水沟渠体系。

2. 景观水系工程规划

村庄水系是与村庄生产生活息息相关的水以及承载水环境的总构成，包括水井、溪流、沟渠等用于承载水的周围环境。

明沟、明渠因地制宜地进行生态化、景观化处理，道路、铺装旁边为空地、田地、绿地的排水边沟采用生态植草沟，即雨水通过道路、铺装边有植被的浅沟收集排放；道路边为立缘石的排水沟采用景观化的石材浅沟收集排放雨水；建筑明沟及巷道内沟渠采用本地石材堆砌，穿村水系根据现场实际情况确定水系宽度、水位、水量，采用卵石堆砌的自然驳岸并种植乡土植物，同时根据需要设置亲水台阶、小桥等小品景观。

利用本地材料、工艺营造出充满生活气息的、有本土特色的乡土水景观，初步形成小桥流水人家的景观效果，提升村庄环境品质。

第四节 乡村电力工程规划设计

农村电网规划建设是整体电网建设中的关键环节，但受限于农村经济、技术等多方因素，农村电网目前存在诸多亟待解决的问题。老旧的10kV电网由于使用年限过长，线路老化严重，已无法满足日益增长的用电需求，且易在输电过程中发生故障。电网布线缺乏合理规划，线路复杂、电线缠绕，对乡村的用电安全构成威胁。此外，防雷接地设计不合理，使得电网在雷雨天气易跳闸，影响用户体验且存在安全隐患。农村电网铺设时未充分考虑环境差异，易受环境因素影响而发生短路。农村电网分布分析片面、用电量与负荷量预测不准确等问题，进一步加剧了电网规划建设的困难。

鉴于上述问题对农村电网发展的严重制约，以及对供电稳定性和安全性的影响，必须采取有效的解决措施，对农村电网进行全面改造和升级。这包括更新老化线路，优化电网布局，改进防雷接地设计，充分考虑环境因素，并提高用电量和负荷量分析的准确性。通过这些措施，可以确保农村电网规划建设的顺利进行，满足农村地区的用电需求，并保障供电的安全与稳定。

农村低压电网规划设计要点涉及多个方面。首先，用电量分析是规划过程中的重点，它决定了电网配置，避免了资源浪费和用户用电困难的问题，并有助于电网维护管理工作的顺利开展。其次，选择合适的变压器至关重要，容量过大或过小都会影响变压器的运行效果，需要根据变电所的具体情况来选择容量适中的变压器，并谨慎选择型号和台数。此外，选择最佳的接户线和电能表也是规划中的重要环节，这有助于减少用电事故，增加电力网络的稳定性与安全性。

在规划过程中，简化电压等级、优化输电线路设计也是关键步骤。农村电网一般采用放射状格局和单向供电形式，需要加大配变容量，并加入环网设计和开环运行方法，以确保供电的稳定性和安全性，需在合适的位置加入接电箱，以便于负荷调整。在进行电网改造前，必须进行用电量调查和用户分布分析，做好线路和地形勘察，并制定详细的电网分布图和预算，以减少人力、物力的浪费。

最后，科学选择农村电网安全的保护形式也是不可或缺的。必须普及"中性线属于带电体"的观念，以避免安全事故的发生，必须采取有效措施预防停电事故的发生。当低压线路断电后，应采取适当的措施防止中性线带电，以确保电网的安全运行。

第五节　乡村电信工程规划设计

乡村电信工程包括电信系统、广播和有线电视及宽带系统等。电信工程规划作为美丽乡村总体规划的组成部分，由当地电信、广播、有线电视和规划部门共同负责编制。

一、通信线路布置规划设计

电信系统的通信线路可分为无线和有线两类，无线通信主要采用电磁波的形式传播，有线通信由电缆线路和光缆线路传输。通信电缆线路的布置原则为：

（1）电缆线路应符合乡村远期发展总体规划，尽量使电缆线路与城市建设相一致，使电缆线路长期安全稳定地使用。

（2）电缆线路应尽量短直，以节省线路工程造价，并应选择在比较永久性的道路上敷设。

（3）主干电缆线路的走向，应尽量和配线电缆的走向一致、互相衔接，应在用户密度大的地区通过，以便引上和分线供线。在多电信部门制的电缆网路设计时，用户主干电缆应与局部中继电缆线路一并考虑，使线路网有机地结合，做到技术先进，经济合理。

（4）重要的主干电缆和中继电缆宜采用迂回路线，构成环形网络以保证通信安全。环形网络的构成可以采取不同的线路，但在设计时，应根据具体条件和可能，在工程中一次形成；也允许另一线路网的整体性和系统性在以后的扩建工程中逐渐形成。

（5）对于扩建和改建工程，电缆线路的选定应首先考虑合理地利用原有线路设备，尽量减少不必要的拆移而使线路设备受损。如果原电缆线路不足时，宜增设新的电缆线路。

电缆线路的选择应注意线路布置的美观性。如在同一电缆线路上，应尽量避免敷设多条小对数电缆。

（6）注意线路的安全和隐蔽，应避开不良的地质环境地段，防止复杂的地下情况或有化学腐蚀性的土壤对线路的影响，防止地面塌陷、土体滑坡、水浸对线路的损坏。

（7）为便于线路的敷设和维护，应避免与有线广播和电力线的相互干扰，协调好与其他地上、地下管线的关系，以及保证与建筑物间最小间距的要求。

（8）应适当考虑未来线路调整、扩建和割接的可能，留有必要的发展变化余地。但在下列地段，通信电缆不宜穿越和敷设：今后预留发展用地或规划未定的地区；电缆长距离与其他地下管线平行敷设，且间距过近，或地下管线和设备复杂，经常有挖掘修理易使电缆受损的地区；有可能使电缆遭受到各种腐蚀或破坏的不良土质、不良地质、不良空气和不良水文条件的地区，或靠近易燃、易爆场所的地带；还有如果采用架空电缆，会严重影响乡村中主要公共建筑的立面美观或妨碍绿化的地段；可能建设或已建成的快车道、主要道路或高级道路的下面。

二、广播电视系统规划设计

广播电视系统是语音广播和电视图像传播的总称，是现代乡村广泛使用的信息传播工具，对传播信息、丰富广大居民的精神文化生活起着十分重要的作用。广播电视系统分有线和无线两类。尽管无线广播已逐渐取代原来在乡村中占主导地位的有线广播，但为了提高收视质量，有线电视和数字电视正在现代城镇和乡村逐步普及，已成为乡村居民获得高质量电视信号的主要途径。

有线电视与有线电话同属弱电系统，其线路布置的原则和要求，与电信线路基本相同，所以在规划时，可参考电信线路的设置与布局。

此外，随着计算机互联网的迅猛发展，网络给当代社会和经济生活带来巨大的变化。虽然目前计算机网络在乡村尚不普及，但随着网络技术和宽带网络设施的不断完善，计算机网络在乡村各行各业和日常生活中的应用将日益广泛。这就要求在编制乡村电信规划时，应对网络的发展给予足够重视并留有充分的空间和余地。

第六节　乡村燃气规划设计

实现民用燃料气体化是乡村现代化的重要标志，西气东输工程的全线贯通，为实现这一目标奠定了物质基础。

乡村燃气供应系统是供乡村居民生活、公共福利事业和部分生产使用燃气的工程设施，是乡村公用事业的一部分，是美丽乡村建设的一项重要基础设施。

一、燃气厂的厂址选择

选择厂址，一方面要从乡村的总体规划和气源的合理布局出发，另一方面也要从有利生产生活、保护环境和方便运输着眼。

气源厂址的确定，必须征得当地规划部门、土地管理部门、环境保护部门、建设主管部门的同意和批准，并尽量利用非耕地或低产田。

在满足环境保护和安全防火要求的条件下，气源厂应尽量靠近燃气的负荷中心，靠近铁路、公路或水路运输方便的地方。

厂址必须符合建筑防火规范的有关规定，应位于乡村的下风方向，标高应高出历年最高洪水位 0.5m 以上，土壤的耐压一般不低于 15t/m²，并应避开油库、桥梁、铁路枢纽站等重要目标，尽量选在运输、动力、机修等方面有协作可能的地区。

为了减少污染，保护乡村环境，应留出必要的卫生防护地带。

二、燃气管网的布置

燃气管网的作用是安全可靠地供给各类用户具有正常压力、足够数量的燃气。布置燃气管网时，首先应满足使用上的要求，同时又要尽量缩短线路长度，尽可能地节省投资。

乡村中的燃气管道多为地下敷设。所谓燃气管网的布置，是指在乡村燃气管网系统原则上选定之后，决定各个管段的位置。

燃气管网的布置应根据全面规划，远、近期结合，以近期为主的原则，做出分期建设的科学安排。对于扩建或改建燃气管网的乡村则应从实际出发，充分发挥原有管道的作用。

第七节　乡村环卫工程规划设计

农村环境卫生整治是关乎农业可持续发展、农民福祉和农村稳定的重要民生问题。随着国家对环境保护的日益重视，农村环保工作也获得了前所未有的关注。"十四五"规划也明确提出"开展农村人居环境整治提升行动，稳步解决'垃圾围村'和乡村黑臭水体等突出环境问题"。旨在改善农村人居环境，提高农民的生活品质。然而，当前农村环境卫生状况仍不容乐观。农业生产中大量使用的农药、化肥和除草剂，以及随意排放的农业废弃物，都是农村环境的主要污染源，这些问题导致了水质恶化、土壤污染和大气污染，直接影响了农产品的质量和农业生产的可持续性。

农村生活污水和垃圾处理设施不完善加剧了环境污染问题。特别是农村垃圾问题尤为突出，包括生产生活垃圾、畜禽粪便等，这些垃圾长期堆积，严重破坏了农村的生态环境和村容村貌。河流污染也日趋严重，工业废水直接排放、村民的陈规陋习导致河道成为天然垃圾箱，河道功能严重退化。大气污染问题同样不容忽视，工厂废气、汽车尾气等污染物排放量大，治理难度大。

针对这些问题，我们需要采取切实有效的措施加强农村环境卫生整治，真正改善农村环境卫生状况，保障农民身体健康和农业可持续发展。

一、以人为本地规划我国村镇环境卫生

建设我国社会主义新农村，不能够走城市化的发展路线，要从一开始就建设好农村的生态环境，不再走先污染求发展，再治理求生存的老路，要尽量避免新农村的环境被污染。

1. 环境规划以人民需求为基础

为了更好地建设社会主义新农村，应该首先改善我国居民的生活条件，为我国农村居民提供良好的生活环境，为我国新农村建设规划作出贡献，因而必须采纳农民的意见，坚持建设符合本地特色的新农村建设规划，但是建设新农村和建设城市不同，建设农村更倾向于公众活动，以建设农村来改善农村的面貌，改善农村的生产和人居环境，促进农村的社会发展。

2. 妥善规划用地，优化农村布局

土地是农村生产的重要因素，是建设新农村的基础，中国南方地区人多地少，土地使用的矛盾突出，所以建设新农村必须要考虑到土地使用价值，以此来提高我国新

农村的建设水平，提高农村土地的利用率。根据本地农户的多寡和本地农民从业的基本情况来规划农村的基本建设工程。优化本地布局，实现土地的有效利用。

3. 建设符合我国新农村特色的村镇模式

我国南部农村分布广，多数村庄之间的实际情况不同，新农村在建设时要充分考虑到这一点，在设计模式中应考虑到该地的特色，根据当地的产业特点和发展水平来规划新农村的建设，避免建设的片面性。

二、新农村垃圾站建设规划布局

1. 新农村垃圾站规划布局设计原则

建设新农村的另外一点则是要注意我国垃圾场的设计，完善我国农村地区的生活垃圾场采取正确的处理模式，同时要优化农村垃圾处理厂的分布，农村地区的垃圾多以生活垃圾为主，因为人口较少，所以在新农村的建设过程中要实行"分类收集—村集中—镇转运"，设置垃圾站点要和农村的人员建设规划一致，当农村能够集中收集并达到分类标准后，再进行分区垃圾处理场地的建设和规划。

2. 新农村垃圾回收站布局设计

新农村的垃圾回收站的布局应该符合我国农村建设的战略目标布局，从量变到质变，将填埋式的垃圾处理厂替换为压缩回收垃圾处理场，提高当地垃圾处理的能力，合理规划当地垃圾站布局。

3. 新农村垃圾站的数量控制

垃圾站的选址最好选择靠近新农村生活区的地方，要求当地交通便利，同时有足够的场地可以建立垃圾处理站。垃圾收集点的规划要通过不断探索才能趋于完善，而新农村的升级和改造更要依托于升级垃圾站来实现。

1）基础设施升级。农村的用地多以农业用地为主，同时大量的垃圾回收站也会对周围的环境造成影响。因此帮助我国企业将露天的垃圾回收站点升级为可回收和压缩的垃圾回收站势在必行。

2）基础设施扩建。垃圾站和公厕的服务直径最好控制在方圆600m内，因为农村的用地资源少，规划好后还要根据当地情况进行调整。规划新型垃圾站，提高公共服务设施的服务范围，为后续的发展提供相应的发展空间。公共设施的总体布局水平要和后续建设内容相结合，保留好发展空间，满足后期建设的需求。

4. 提高新农村垃圾站综合处理能力

建设新农村垃圾处理厂应该要根据新农村的情况调整。因为新农村的垃圾主要以生活垃圾为主，所以在处理垃圾的时候要彻底改变过去落后的垃圾分类模式，创造属于未来的垃圾站处理规划模式，帮助新农村提高村镇垃圾填埋和综合处理的能力，解决过去选址困难的问题，更好地为我国农民服务，建设人文氛围浓厚的新型农村，为村镇管理提供灵活性和机动性。因此提高新农村垃圾站的综合处理能力尤为重要。

第八节　乡村基础设施规划设计实例：秋石路延伸工程——丁山河村拆迁农居安置点市政配套工程

一、总平面布置规划设计

该项目总平面图、日照分析图参见图3-1、图3-2。

1. 规划结构

总图布置体现整体性和均衡性。规划结构可以概括为"一中心、二水塘、多院落"。

"一中心"是指结合主入口广场及公共配套用房展开的主景观带，从主要入口一直延伸到地块中心的滨水景观，沿着这条景观带构成整个小区居民中心公共活动空间。

"二水塘"是指区块内保留下来的两个水塘景观带，沿着这两条景观带形成居民的公共带形活动空间。

"多院落"是指在小区的整体结构层面上，通过景观带和主环路，将整个小区在片的基础上，又能系统地划分出若干独立组团院落。

整个小区的户型布局以体现同类型的均衡性为原则，双拼及部分多拼户型布置于组团院落中，增强院落的围合感与整体性，独栋户型布置于景观较好的滨水区域，形成一定的层次感。公共配套用房结合入口广场及公共水域布置，形成居住区主要的中心景观带。

2. 规划特点

总体规划在结构上体现了三大特点：布局围合有序，突出中心景观，强化组团空间。

总体布局上采用"杭派民居"组团院落式的空间布局原则，充分考虑建筑和景观的融合，保证中心院落的品质及各组团景观的独特性。

（1）行进的乐趣——主入口广场及组团院落景观

地块南侧公建结合入口广场及公共水域布置，形成对景的主入口空间，与内部景观空间之间形成自然的过渡体系。内部的庭院将自然、空间的收放变化与景观小品结合，使院落空间充满层次感。

（2）辐射网络——景观渗透进每个角落

主体景观带与各组团之间景观及组团院落景观形成网络体系，以主景观带作为辐射源，让景观渗透进每个组团院落，从而使所有住户都能感受到多层次景观带来的丰富景色。

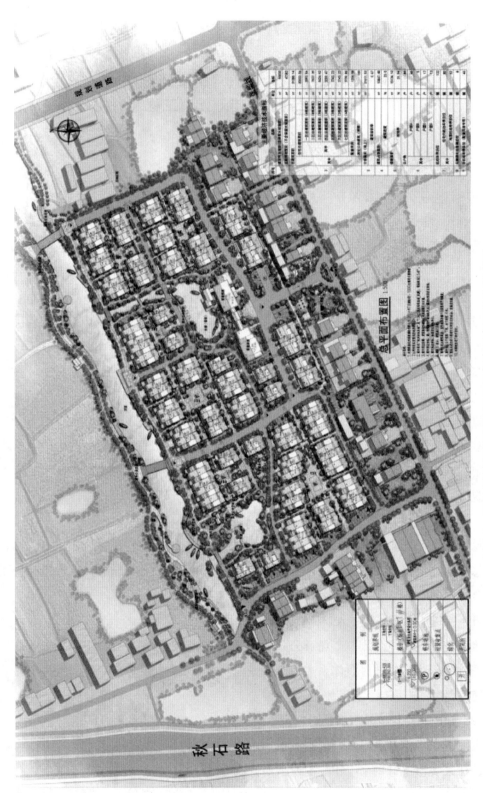

图 3-1　丁山河村拆迁农居安置点市政配套工程总平面图

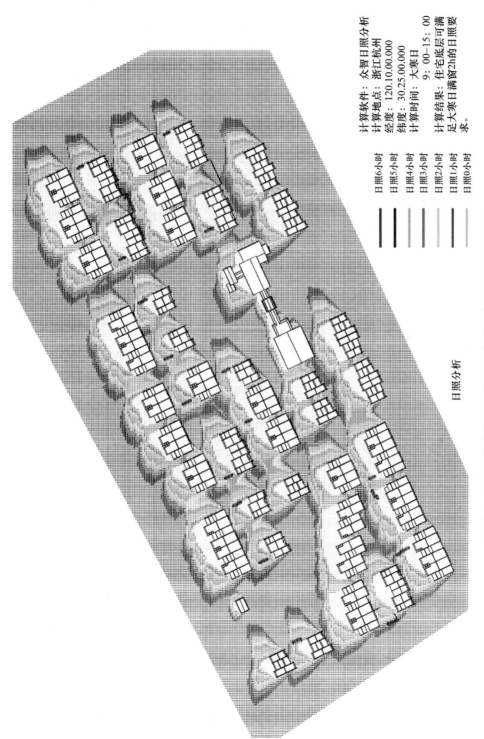

日照分析

计算软件：众智日照分析
计算地点：浙江杭州
经度：120.10.00.000
纬度：30.25.00.000
计算时间：大寒日
9：00～15：00
计算结果：住宅底层可满
足大寒日满窗2h的日照要
求。

日照6小时
日照5小时
日照4小时
日照3小时
日照2小时
日照1小时
日照0小时

图3-2　丁山河村拆迁农居安置点市政配套工程日照分析图

（3）内外呼应——景观带和城市绿化景观相互融合

主景观网络体系通过往南和往西延伸的景观轴与城市道路绿化景观相互呼应，达到了内外景观的自然渗透与巧妙融合。

（4）变化的统一——丰富的视觉效果

整个小区在设计和营造的过程中，着力进行视觉上的控制，对多种可能性进行细致考虑。通过对"杭派民居"建筑元素的提取，建筑形体的变化，使得每个面、每个角度、每个房子每栋建筑以及几组景观组团空间都有不一样的视觉效果，并且整体又能呈现出水乡特色。

（5）人车分流——为居住者创造静谧的活动空间

通过组团庭院式的布局，使小区住宅组团内人行、组团外车行，减少了车辆对居住内部环境的影响，让生活其中的人们感受到安静和舒适。

3.功能布置（图3-3）

地块内所有住宅均为南偏东方向布置，与地块南侧的村道张柴线平行。每户住宅的占地面积约为 $125m^2$，层数为3层，设计住宅80户，总建筑面积为 $31388.14m^2$。

公共活动用房的主要功能为文化大礼堂，集区域内村民休闲、健身、集会为一体。此外，地块内还设有社区物业管理服务、室外公共健身设施、独立公共厕所、垃圾回收站等，布置于相应地点。地块内公共停车场主要布置于居住区主入口广场处以及主环路的周边。

二、道路及交通组织规划设计

该项目道路及交通组织规划设计参见图3-4、图3-5。

该拆迁安置房地块的出入口布置、停车系统设置、车流组织、步行组织均采用以下方式。

住宅区内主干道采用7m宽的道路，次干道采用4m宽的道路，组团院落内部为人行道路，宽 $2\sim3m$，有效地实现人车分流，体现人性化。

出入口布置：地块的出入口设置遵循地块特点，分别在南侧、西侧两个位置布置。

小区规划设计在南侧设置开放的入口广场，配合公共设施用房形成良好的视觉形象，并有效组织交通；在西侧结合村道设置次入口；在北侧通过两座文化桥与北面二期地块衔接。

停车系统设置：小区内住宅停车主要通过每户宅内停车库来解决，外来车辆停车主要通过对入口南侧广场以及沿主环路的地面停车位的合理布置来解决。

车行流线组织：车辆通过各个出入口进入小区后，可直接通过靠近住宅的环路进入每户宅内停车，也可停放于小区入口广场以及主干道周边的临时停车位。

功能布置

地块内所有住宅均为南偏东方向布置，与地块南侧的村道张梁线平行。每户住宅的占地面积约为125 m²，层数为3层，设计住宅80户，住宅总建筑面积为30033.5 m²。

整个居区的户型布局以体现"杭派民居"院落式的空间布局为原则，独栋、双拼及多拼多种户型形成一定的层次感。

此外，地块内还设有配套用房、室外公共健身设施、独立公共厕所、垃圾回收点等。地块内公共停车场主要布置于居住区主入口广场处以及主环路的周边。

住宅户型A 45户
住宅户型B 5户
住宅户型C 17户
住宅户型D 13户
公共配套用房
垃圾回收点
公共厕所

图3-3　丁山河村拆迁农居安置点市政配套工程功能分析图

049

道路：地块西侧为规划秋石路在建，南侧为张柴线，东侧为规划道路。
　　　住宅区内主干道采用7m的道路，次干道采用4m的道路，组团院落内部为2~3m的人行道路，有效地实现人车分流，体现人性化。

图 3-4　丁山河村拆迁农居安置点市政配套工程交通分析图（一）

步行流线组织：大量机动车通过小区主次环路进入宅内或停放于公共停车位，不对住宅组团院落内的环境产生影响。组团院落内将采用人流慢行系统，较好地组织人车分流，增强居住区生活的安全性，体现人性化的设计理念。

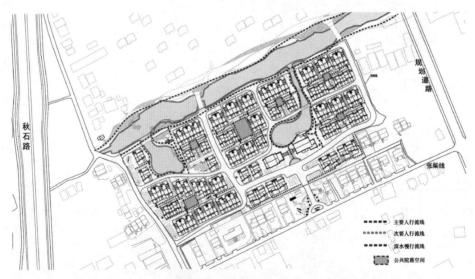

步行流线组织：组团院落内将采用人流慢行系统，较好地组织人车分流，增强居住区生活的安全性，体现人性化的设计理念。
　　　大量机动车通过小区主次环路进入宅内或停放于公共停车位，不对住宅组团院落内的环境产生影响。

图 3-5　丁山河村拆迁农居安置点市政配套工程交通分析图（二）

三、竖向布置规划设计

该项目竖向布置分析参见图 3-6。

本工程设计标高 ±0.000，相当于黄海高程 4.200m。场地内雨水拟采用有组织排水，利用雨水管排向市政雨水管道。

整个小区的住宅采用 3 层的高度设置，公共配套用房为 1 ～ 3 层设置。

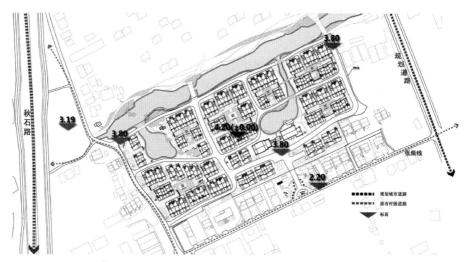

竖向设计：根据提供的地形，并结合防洪水位3.70m，建筑室内±0.00地坪标高暂定为黄海高程4.20m，室外地面标高暂定为黄海高程3.80m。

图 3-6　丁山河村拆迁农居安置点市政配套工程竖向分析图

四、给水规划设计

1. 水源

设计采用市政自来水作为本工程的生活用水、消防供水水源。

2. 用水量

总户数：80 户；总人数：280 人；用水量计算，详见表 3-2。

表 3-2　用水量计算表

名　　称	估计数量	用水标准	用水时间 (h)	最高日用水量 (m³/d)	最大时用水量 (m³/h)	小时变化系数
配套公建	1372m²	6L/m²	12	8.2	1.0	1.5
住宅	280 人	250L/（人·日）	24	70	7.3	2.5
绿化	17780m²	2L/（m²·次）	4	35.5	8.9	1.0
小计	—	—	—	113.7	17.2	—
未预见水量	—	10%	—	11.4	1.7	—
总计	—	—	—	125	18.9	—

最高日生活用水量为 125m³，最大小时用水量 18.9m³。

3. 给水系统

本地块从秋石路市政管网引入一路 DN150 给水管，沿主要道路枝状铺设，供应生活和消防用水。

市政供水压力按 0.25MPa 设计；给水系统采用市政直供。

为方便经营管理，配套公建部分各楼层设水表计量，部分住宅实行一户一表。

每户入户管只设一个装修水龙头，室内由业主自行安装。

管材：给水立管及支管均采用内衬不锈钢复合钢管，用丝扣连接；室外给水管采用球墨给水铸铁管，采用橡胶圈柔性接口。

五、排水规划设计

1. 室外排水采用雨污分流制，室内住宅部分采用污废分流制（厨房废水立管独立设置），配套公建部分采用污废合流制。空调凝结水间接排入雨水系统。

2. 污水处理：因场地限制，本工程无市政污水管道，场地内设置集中处理生化池。

每户设置一个室外小化粪池，经一级沉淀处理后排至场地室外污水干管。

在西北角的公厕边设置集中处理生化池，集中处理由室外污水干管收集的污水，处理后的污水达到排放标准后排至河道。

3. 污水排水量：按生活用水量的 90% 计，社区的日污水排放量为 112.5m³。

4. 室内 ± 0.00m 以上排水采用重力流排水方式。

5. 室内卫生间排水伸顶通气系统。

6. 雨水系统

1）按照杭州市的暴雨强度公式计算雨量。

$$Q=（57.694+53.476\lg P）/（t+31.546）^{1.008}（L/s \cdot 100m^2）$$

式中　P——设计重现期（a），屋面取 10 年，场地取 3 年；

　　　t——降雨历时（min），屋面取 5min，场地取 10min。

　　汇水量：$Q=\Psi \times F \times q$

式中　F——汇水面积（hm²）；

　　　Ψ——径流系数，屋面取 0.9，室外综合径流系数取 0.65。

2）雨水汇集后，就近排入周围的河流，雨水管径最大为 De450。

7. 管材

室内排水管采用 U-PVC 塑料排水管，胶水黏结；室外排水管采用双壁波纹管，橡胶圈呈插连接。

六、电气规划设计

1. 负荷分级与供电电源

1）本工程建筑为低层住宅建筑及多层公共建筑，配套用房建筑内应急照明按二级负荷要求供电；其余用电负荷均为三级负荷。

2）为满足本工程供电要求，应由两回线路同时供电。

3）负荷估算：

根据《全国民用建筑工程设计技术措施：2009年版，电气》第2.7.6条，住宅用电指标按70V·A/m²计，配套用房用电指标按120V·A/m²计。方案设计阶段采用单位面积功率法，负荷估算如下：

住宅：29498.5m² × 70V·A/m²=2064.9kV·A

配套用房：1472.0m² × 120V·A/m²=176.6kV·A

合计：2241.5kV·A。

由以上计算结果得：该项目拟在地上设2个箱式变电站，1号变电站内设置2×630kV干式变压器，2号变电站内设置2×500kV干式变压器，1号、2号变电站向住宅建筑及配套用房建筑供电。

2. 低压配电及线路敷设方式

1）220V/380V低压线路照明、动力主干线采用阻燃型电力电缆（ZR-YJV），应急照明线路采用阻燃型聚氯乙烯绝缘导线（ZR-BV），其余均采用BV阻燃型聚氯乙烯绝缘导线穿套接紧定式钢管暗敷或顶棚内敷设。

2）供配电线路采用放射式与树干式相结合的供电方式。

3）二级负荷：采用双电源供电，在适当位置互投（注：消防负荷在最末一级配电箱处）；三级负荷：采用单电源供电。

4）消防用电设备的配电线路应满足火灾时连续供电的要求，其敷设应符合下列规定：

（1）当采用暗敷设时，应敷设在不燃烧结构体内，且保护层厚度应不小于30mm。

（2）当采用明敷设时，应在金属管或金属线槽涂防火涂料保护。

（3）计量

住宅、配套用房设置一户一表，计量表设于电表间内或暗埋于墙上。

（4）照明系统

① 该建筑内的照明设计参照CIE标准，按照《建筑照明设计标准》（GB 50034—2013）执行，满足各场所照明要求，一般场所为高效节能型荧光灯或其他节能型灯具，荧光灯均配置低谐波电子镇流器。

② 主要场所照明控制：门厅、客厅、厨房等处的照明采用就地设置照明开关控制；对卧室等处采用照明配电箱就地控制；对楼梯间采用延时自熄开关或带人体红外感应自动开关控制。

③ 疏散照明：在大厅、疏散走道、安全出口等人员密集场所设置疏散照明。

④ 应急照明最少持续供电时间及最低照度：

a. 一般平面疏散区域（如疏散通道等）疏散照明最少持续供电时间不少于 30min，最低照度不小于 0.5lx；竖向疏散区域（如疏散楼梯）疏散照明最少持续供电时间不少于 30min，最低照度不小于 5lx。人员密集流动疏散区域疏散照明最少持续供电时间不少于 30min，最低照度不小于 5lx。

b. 消防工作区域用照明最少持续供电时间不少于 180min，且不低于正常照明照度。

⑤ 所有应急照明灯具均应设置玻璃或其他非燃烧材料制作的保护罩。

⑥ 所有安装灯具均要求功率因数 $\cos\phi \geq 0.9$。

（5）接地系统安全

① 本工程低压配电接地方式采用 TN-S 系统。

② 本工程采用总等电位联结，要求建筑物内所有电气设备不带电金属外壳、金属支架、进出建筑物的金属总管、PE 干线、建筑物金属构件等应进行总等电位联结。

③ 卫生间等地方设局部等电位联结 LEB。

④ 对单相插座回路一律采用三线（相线、零线、PE 线）。当采用 I 类灯具或灯具安装高度低于 2.4m 时，灯具外露可导线部分必须可靠接地。配电线路中增设专用 PE 线。

⑤ 在总照明配电箱装设电涌保护器作为第一级防雷击电磁脉冲过电压保护装置。

（6）建筑物防雷系统

① 本工程变压器中性点工作接地、防雷接地、电气设备接地、等电位联结接地及其他电子设备的功能接地共用同一接地体（联合接地体），即利用大楼基础桩基及承台内主钢筋作接地体，要求接地电阻不大于 1Ω。

② 本工程属一般性民用建筑，按第三类防雷建筑物要求进行防雷设计。

③ 为防直击雷，利用混凝土屋面设置避雷带和避雷针作为接闪器，引下线利用柱内外侧两根（ $\geq \phi 16$）主钢筋，接地极利用建筑物基础桩基及承台内主钢筋。

④ 建筑物的防雷装置满足防直击雷、防侧击、防雷电波的侵入和防雷电感应措施，并设置总等电位联结。

⑤ 屋面上所有金属物件与避雷带可靠连接。

⑥ 为防止接触电压和跨步电压，引下线 3m 范围内地表的电阻率不小于 50kΩ·m，或敷设 50cm 厚沥青层或 15cm 厚砾石层。

七、弱电系统规划设计

1. 系统设计

根据本工程建筑功能，结合未来发展的趋势，将智能化系统分为以下 3 个系统：

1）通信网络及程控交换机系统（CAS）；

2）有线电视系统（CATVS）；

3）公共广播兼紧急广播系统（PAS）。

2. 弱电系统布线及接地

本工程消防控制引入的火警线、联动线、消防通信线、广播线均采用铜芯线穿管或线槽敷设。其他系统布线按各系统要求布线，均需穿管敷设，平面上暗埋到位。弱电系统接地采用联合接地，接地电阻 ≤ 1Ω。

八、环保及卫生防疫规划设计

1. 彩色植草坪砖技术

采用透气、透水的彩色草坪砖，既可停车、行走，又可增加绿化面积，综合效果好，既增加了绿化，又美化了居住环境。

2. 给排水设计

1）卫生器具采用节水型的卫生器具，污、废、雨三水分流，粪便污水经化粪池处理后，流入市政污水管网，雨水经汇集后排入市政雨水管网，厨房油污水经隔油池处理后排入城市污水管道，达到环保要求。

2）室内冷热水给水管均采用内衬不锈钢复合钢管，避免管道锈蚀污染水源。

3）公共洗手间洗脸盆采用感应式龙头，小便器采用感应式冲洗阀，避免造成使用者的交叉感染。

4）本工程总水表之后设置管道防污染隔断阀，防止红线内给水管网的水倒流而污染城市给水。

3. 暖通设计

厨房、卫生间采用专用排气道排至屋顶。

4. 居住区生活垃圾收运

小区内设置垃圾收集点，实行"分类装放，定时收集，由环卫所统一运送到市垃圾集中处理点处理"的规定，营造整洁、卫生和优美的小区环境。垃圾收集箱在垃圾投放后能自动关闭密封，防止蚊蝇滋生，污染环境。

第九节　乡村基础设施规划设计实例：东林镇泉益村美丽乡村精品村

一、总平面布置规划设计

东林镇泉益村美丽乡村精品村规划建设用地共计12.56公顷，主要包括村民住宅用地、村庄公共服务用地、村庄产业用地和村庄基础设施用地。考虑到今后古村落的住宅用地与乡村旅游的结合，所以用地性质改为混合住宅用地。规划共结余建设用地3.9公顷，约58亩（图3-7）。整体空间布局包括：社区服务中心、文化礼堂、综合商业体、民宿、乡村大食堂、柳编教室、柳编文化园、水乡特色渔庄、东岳庙、柳编展示馆、泉家潭老轮船码头、渔文化展示馆、"杭班"差胡搜、爆鱼面馆等（图3-8、图3-9）。

二、道路交通组织规划设计

1. 完善与区域交通的连接。泉益村对外通道现状主要依托泉庆公路，为满足村民的出行要求和今后旅游发展，在村庄北部打造L形通道，形成方形对外双通道。

2. 构建旅游景观环线。利用现成的荡湾里码头和泉家潭码头，向南开通水上观光旅游线，村庄向北串联荡湾里、稻田、特色农庄、东岳庙等主要节点，打造村庄北部骑行绿道。沿线种植梨树，可赏花可采摘。通过南北水陆景观旅游线的打造，构建"环村而行、绕水而游"的水陆互动游线。

3. 旅游景观环线。优化内部交通组织，完善村庄内部道路系统，对滨水空间游步道进行环通。同时完善村庄停车设施，梳理对闲置地、空地，设置停车场（图3-10）。

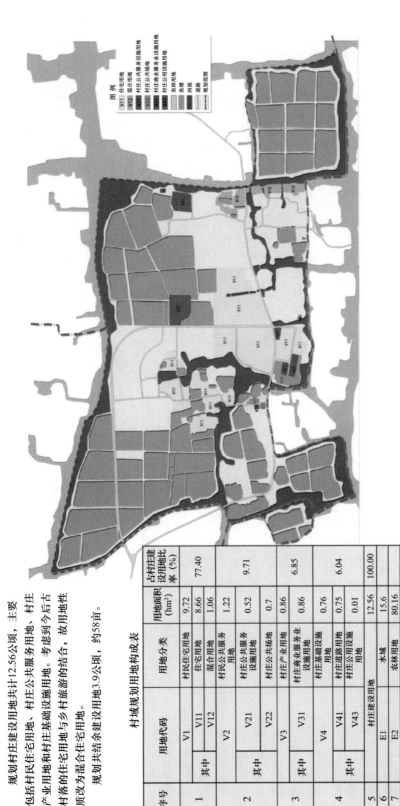

规划村庄建设用地共计12.56公顷，主要包括村民住宅用地、村庄公共服务用地、村庄产业用地和村庄基础设施用地。考虑到今后古村落的住宅用地与乡村旅游的结合，故用地性质改为混合住宅用地。

规划共结余建设用地3.9公顷，约58亩。

村域规划用地构成表

序号	用地代码		用地分类	用地面积(hm²)	占村庄建设用地比率(%)
1	V1		村民住宅用地	9.72	77.40
	其中	V11	住宅用地	8.66	
		V12	混合用地	1.06	
2	V2		村庄公共服务用地	1.22	9.71
	其中	V21	村庄公共服务设施用地	0.52	
		V22	村庄公共场地	0.7	
3	V3		村庄产业用地	0.86	6.85
	其中	V31	村庄商业服务业设施用地	0.86	
4	V4		村庄基础设施用地	0.76	6.04
	其中	V41	村庄道路用地	0.75	
		V43	村庄公用设施用地	0.01	
5			村庄建设用地	12.56	100.00
6	E1		水域	15.6	
7	E2		农林用地	80.16	
8			总用地	108.32	

图3-7 东林镇泉益村美丽乡村精品村村域规划用地布置图

图3-8　东林镇泉益村美丽乡村精品村规划总平面图

① 社区服务中心、文化礼堂
② 综合商业体
③ 民宿
④ 民宿
⑤ 乡村大食堂
⑥ 柳编教室
⑦ 柳编文化园
⑧ 水乡特色渔庄
⑨ 东岳庙
⑩ 柳编展示馆、泉家津老轮船码头
⑪ 渔文化展示馆
⑫ "杭班"姜胡搜
⑬ 爆鱼面馆

图 3-9　东林镇泉益村美丽乡村精品村村域鸟瞰图

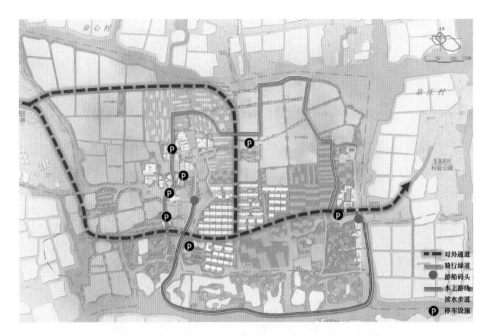

图3-10　东林镇泉益村美丽乡村精品村道路交通规划图

第十节　乡村基础设施规划设计实例：浙江省海宁市袁花镇

在浙江省的海宁市，袁花镇以其独特的乡村风貌和精心设计的基础设施规划，成为美丽乡村建设的典范。这里的规划设计，不仅注重基础设施的完善，更将山水、生态、文化、休闲与形态融为一体，呈现出一幅和谐美丽的乡村画卷。袁花镇注重道路基础设施的建设。宽阔平坦的乡村道路贯穿整个镇区，连接着各个村落和农田。道路不仅方便了村民的出行，也为农产品的运输提供了便利。同时，道路两旁的绿化带和景观节点，更是为乡村增添了一抹亮色。

一、袁花镇水利设施规划

支撑起袁花镇乡村基础设施的是山水贯通的自然格局。袁花镇位于海宁市的东南部，地处江南水乡，河流纵横，山峦起伏。在规划设计中，设计团队充分利用了这些自然资源，通过建设桥梁、堤坝等水利设施，使水系得以贯通，山水相依，为乡村的发展提供了有力的支撑。

二、袁花镇卫生与农业设施规划

在生态保育方面，袁花镇注重生态环境的保护和修复。通过实施退耕还林、水土保持等措施，保护了乡村的生态环境，使山更绿、水更清，加强了对乡村垃圾和污水的处理，确保乡村环境的整洁和卫生。河流、湖泊得到了有效的治理和保护，水质清澈、水流顺畅，保障了农业灌溉的需求，也为乡村居民提供了优美的水景环境。镇区还建设了完善的排水系统，确保了雨水能够迅速排出，防止内涝的发生。

三、袁花镇公共设施规划

在公共设施建设方面，袁花镇同样不遗余力。镇区内的学校、医院、文化站等一应俱全，为乡村居民提供了便捷的教育、医疗和文化服务。此外，该镇还建设了多个公共广场和公园，为村民提供了休闲娱乐的好去处。这些公共设施的建设，不仅提升了乡村居民的生活质量，也丰富了他们的精神文化生活。

四、袁花镇文化基础设施规划

文化植入是袁花镇乡村基础设施规划设计的又一亮点。袁花镇历史悠久、文化底蕴深厚。在规划设计中，该镇注重对传统文化的挖掘和传承，通过建设文化广场、博物馆等设施，让乡村居民和游客能够深入了解当地的历史和文化。同时，该镇还鼓励乡村居民参与文化活动，使乡村文化得以传承和发扬。

五、袁花镇居民休闲设施规划

休闲引领是袁花镇乡村基础设施规划设计的又一重要方向。随着人们生活水平的提高，休闲旅游成为越来越多人的选择。袁花镇依托其优美的自然风光和丰富的文化底蕴，大力发展休闲旅游业，通过建设农家乐、民宿等设施，吸引游客前来观光旅游，带动了乡村经济的发展。

总之，袁花镇的美丽乡村基础设施建设为乡村居民创造了一个宜居、宜业、宜游的优美环境。基础设施的规划建设不仅提升了乡村的整体风貌和生活品质，也为乡村经济的发展提供了有力支撑。袁花镇的成功经验，对于其他乡村地区的基础设施建设具有重要的借鉴意义。

第四章　乡村环境与服务规划设计

乡村振兴以科学规划为核心，旨在实现经济、社会、环境的协调发展，乡村环境整治成为关键。依托生态学的科学原理，以人为本，将环境保护、资源合理开发、生态平衡与区域发展相结合，关注乡村系统结构的完整性、功能的完善性以及景观的延续性，以满足乡村生产发展、生活改善、乡风文明、村容整洁、管理民主的要求。在美丽乡村规划中，危旧房、猪舍、厕所、院墙等需无偿拆除，河流、沟渠、池塘需清污，水塘需扩挖，垃圾需清理。保护现有树木，利用废弃场地和空地进行绿化，如建设小菜园、小果园等。整理村庄电力、通信杆线，确保电力设施整齐规范。结合环境保护、清洁工程等相关项目，综合改造农民水族馆，改善上水条件。村民理事会应牵头，确定卫生保洁人员进行保洁工作，或采取轮户保洁，配备清扫工具，建立卫生保洁制度，督促村民自觉清除垃圾杂物，保持公共活动场地、道路、河道的清洁。

第一节　乡村入口规划设计

美丽乡村建设中，村庄入口空间是乡村景观的重要节点，对环境的美化和乡村整体形象的塑造能起到不可估量的积极作用。

美丽乡村建设中村庄入口打造要点包括以下 5 个方面。

一、村庄入口空间的界定

村庄的入口即村口，在古代是整个村庄规划建设中非常重要的部分。家园的梦想和希望，往往通过村口的精心设计来表达。

村口关乎村庄的整体形象。建筑是空间的艺术，入口空间是由一系列相关的空间组成的空间序列。它给人的感觉不应该是一座孤立的、呈平面形态的入口，而应是有进深的，并与整个环境协调，能体现人们对空间感受的丰富性，控制着人们的心理空间从内向外的转换。

二、村庄入口空间的功能

交通功能：村口是村庄的交通枢纽。由于村子内部结构的不同，入口也各不相同，有的是环形道路的入口，有的是横穿村庄的道路上的一个节点。

标志功能：村庄的入口有界定、标志、引导的功能，是划分村内与村外的界限，是乡村聚落板块与农田基质间划分的标志，是有人类活动的标志。

文化功能：村庄入口空间是一个村文化的集中体现。有些以农家乐为主要产业的村庄，入口空间还具有广告宣传的功能。

三、村庄入口空间景观设计应遵循的原则

村口街巷应满足村庄间题名、指向、车行、人行以及农机通行的需求。因此，村庄入口空间景观设计应遵循以下4个原则：

1. 选址科学，安全合理。入口空间属于交通要道，应避免自然灾害对其的影响，选址宜平坦、开阔，使其交通通畅。入口选址与村庄居民区具有一定的距离，使内部安静舒适。同时要配合村庄规模和周围景色合理设计，使大门及附属建筑的体量和风格与环境相协调。

2. 空间有序，收放自如。空间序列设计的目的是提供高潮迭起的丰富景观层次。景观序列应与交通环境相匹配，在不进行大面积铺装的情况下，做出尺度适宜、收放有致、感受亲切的理想空间。

3. 因地制宜，就地取材。与环境完美结合并且具有浓厚的乡土气息就是好的景观。采用当地特有的建材可以减少建设，同时体现出原汁原味的乡土气息。

4. 主题突出，造型新颖。体现乡村的文化是入口空间的重要任务之一。选取最能代表乡村特色且最能唤起使用者归属感与认同感的题材，便于在使用者与观赏者之间建立文化的认同。

四、美丽乡村入口景观设计原理

1. 景观生态学理论是一门综合性学科，专注于研究景观单元的类型组成、空间格局及其与生态学过程的相互作用。其核心在于探讨空间格局、生态学过程与尺度间的相互影响。该学科起源于国外，德国地理学家CTroll在1939年首次引入"景观生态学"概念，并基于欧洲地理学和植被研究为其定义。尽管我国在该领域的研究起步较晚，但通过对国外理论的学习与借鉴，近年来已取得了显著进展。现代景观生态学将景观结构划分为斑块、廊道和基质三种单元。斑块是区别于周围环境的非线性元素，具有多样的大小、形状和位置。廊道则是连接斑块的线性或带状结

构，其宽度、组成、形状以及与周围环境的关系都是关键特征。基质则是景观中广泛且连续的背景。随着人类活动的扩大，自然斑块逐渐减少，加剧了人与自然之间的矛盾。因此，如何在设计中平衡物种多样性与资源利用，改善生态环境，成为重要议题。

2. 景观美学理论从属于环境美学，从字面上就可以看出，它的出发点是审美。通俗地讲，其主要的关注点是景观到底美不美。景观美学以审美特征、审美构成以及审美的心理活动等为研究对象，通过统一、对称、均衡、对比、调和等方式来判断景观的美学性。景观美学不仅指自然景观，人文景观和人工景观也是景观美学的研究范围。如大自然的各种景观、人文景观中的雕塑景观、传统建筑以及构筑物等都可以被研究。

五、美丽乡村入口景观的提升规划

1. 突出入口标识的文化特色。在我国大力推行美丽乡村建设的背景下，在设计入口标识时，应深入了解当地的文化背景，将乡村特色融入其中，使其与乡村的文化、历史等背景相契合。这样既能增强游客对乡村文化的认知，深入了解当地的文化背景，又能将当地特色融入入口标识设计之中。

2. 丰富入口区域的功能性。在规划入口区域时，应充分考虑停车场、集散广场等功能区域的划分，使整个入口空间具有层次感。美丽乡村的入口景观在设计时应当考虑到审美与功能的统一，根据美丽乡村的规模大小、预期定位等因素进行规划，才能使景观的设计不会太过单调，并且能够帮助划分入口空间。

3. 协调植物配置。在植物配置上，应避免生搬硬套，多使用有当地特色的乡土树种，丰富植物的层次感。其次，考虑乡村文化，使植物配置与乡村氛围相协调，避免使其产生无序的自然群落感。另外，还要注重彩色植物的应用，使植物在四季都能展现出不同的色彩变化。

4. 增强景观空间感。在设计入口景观时，应注重空间感的营造，通过合理的布局和景观设计，提升景观的观赏价值。同时，还要避免景观杂乱无章，保持整洁和美观。

5. 增强构成元素特色。特色化的入口区域景观有助于彰显乡村的特点。在设计时应注重运用各种入口景观的构成元素，因地制宜地进行景观设计，避免简单的模仿和千篇一律的设计风格，突出乡村自身的文化特色。

6. 协调统一乡村生态环境。在入口景观的设计和建设中，应充分考虑乡村的生态环境，确保入口景观与村内的生态景观相融合。避免照搬生硬的景观元素，保持美丽乡村的代入感。注重可持续发展理念的应用，保护乡村的生态环境和自然资源。

第二节　乡村绿化规划设计

一、乡村绿化规划设计的原则

1. 整体协调，统一规划

村庄绿化要体现整体协调和统筹城乡一体化绿化的观念。村庄绿化的布局、绿化用地安排等要与各部门的专项规划进行整体协调。

2. 分类规划，分步实施

要根据各村自然环境和经济发展水平对村庄划分类型，分别提出相应的绿化标准和要求。特别是带头村，要逐村进行规划设计，制订实施方案，抓出典型，发挥示范作用。对道路、河道、庭院等也要根据其不同的特点进行有针对性的规划。在绿化时，要立足实际，先易后难，循序渐进，逐步提高。要选择重点地段作为突破口先行绿化美化，再向一般地段推进。

3. 生态优先，兼顾经济

要以改善村庄的生态环境作为绿化的第一目标，优先考虑绿化的生态效益。树种选择要以乔木为主，营造村庄森林生态系统。在确保生态目标的同时，要合理配置树种，创造景观效益，把生态园林理念融入村庄绿化工作中，发挥绿化的美化作用；要充分利用房前屋后空隙地发展小果园、小花园、小药园、小桑园等，发挥绿化的经济效益。

4. 因地制宜，反映特色

绿化要与当地的地形地貌、山川河流、人文景观相协调，针对不同村庄的气候、地形，采用多样化的绿地布局，力求各有特色。对路旁、宅旁、水旁和高地、凹地、平地等采取灵活多样的绿化形式，不千篇一律。规划要自觉保护、发掘、继承和发展各地村庄的特色，充分展示乡村风光。

5. 合理分布，节约用地

绿化和村庄内的生产、生活区要合理分布，形成布局均衡、富有层次的绿地系统。我国人多地少，因此，绿化用地要统一规划、节约用地。一些不适宜建筑和道路交通建设的、较复杂的、破碎的地段要尽量利用，见缝插"绿"。

6. 保护为先，造、改结合

在村庄绿化过程中，要严格保护好风景林、古树名木、围村林、村边森林等原有绿化，将其融入村庄绿化规划中。在绿化实施过程中，要改造与新建结合，充分利用原有绿地。在基础设施建设时，要做到绿化与建筑施工同步，避免绿化滞后的被动局面。

二、村庄类型与绿地类型

1. 村庄类型

根据村庄所在地区的不同，村庄类型分为城市化村庄、城镇化村庄和山区生态化村庄3类。对不同的村庄类型在绿地的比例要求上有所不同。

2. 绿地与绿化类型

1）村庄绿化的绿地类型，参照城市绿地的分类方法。根据绿地的主要功能分类，绿地类型包括以下4种。

（1）公共绿地：是指向公众开放、以游憩为主要功能的绿地。在村庄绿化中，主要是指村庄内的小公园、小游园绿地、休闲绿地、广场绿地等。

（2）防护绿地：指具有卫生、隔离和安全防护功能的绿地。村庄绿化中主要指围村林、河渠堤绿地等。

（3）附属绿地：在村庄绿化中，主要指庭院绿地、工业绿地（工厂内的绿地）、道路绿地等。

（4）其他绿地：指除以上绿地类型外，在村庄内对环境改善和居民生产生活有直接影响的其他绿地，包括风景林、经济林等。

2）在村庄中心居住区外，村域范围内，还有下列绿化类型：

（1）路河渠堤绿化：指村域范围内的道路、河流、沟渠的绿化。

（2）山体绿化：村域范围以及距离村庄500m范围内第一层山脊内的绿化。

三、规划指标

1. 村庄居住区

1）绿化覆盖率

村庄绿化覆盖率要达到35%以上，包括公共绿地、生产绿地、防护绿地、附属绿地及其他绿地。

2）公共绿地

有条件的村可在居住中心区建设一处300m² 左右的小公园、小游园，供居民休闲、游玩，村庄中心区人均公共绿地面积一般不少于1.5m²。

2. 村域范围

路河渠堤绿化：村域范围的主要路、河、渠、堤的绿化率达到95%以上。

四、乡村绿化规划及树种设计选择

1. 乡村道路绿化

由于道路较窄，两边可用于绿化的空间有限，建议规划两边各种植一排绿化树。树种应选择树冠美观、速生、经济效益好的，同时兼具易栽、易活、易管理的特点。若道路两旁是农田，则应选择树冠较小的树种。小苗种植时，株距一般为 1.5 ～ 2m，待树木长大后，可间隔移植，用于其他绿化项目或直接销售。大苗种植时，株距则根据树种不同而有所调整，一般为 4 ～ 6m。种植树坑的大小和造林时间的选择等，也需根据树种和苗木大小来决定。推荐的树种有红锥、土沉香、香樟等，它们不仅美观，还具有经济价值。

2. 乡村水边绿化

乡村水边的绿化则要考虑到土壤湿度高、比较贫瘠的特点，应选用耐湿、耐贫瘠、适应性强的树种。也可以采取单层乔木或乔灌结合的模式种植。株距与行距建议在 1.5 ～ 2m 之间，以便未来树木长大后进行间隔移植。为了提高生态和景观效果，建议采用乔灌草组合式的绿化方式，这样不仅能创造出水清岸绿的美丽水乡景色，还能充分体现水乡特色。推荐的树种有秋枫、麻楝、红桂木等，它们能在水边环境下良好地生长。

3. 村边空地绿化

对于村边空地的绿化，由于其面积较大且土壤肥沃，具有较高的集约经营价值，所以在规划时，可以根据村民的意愿，选择长久绿化或短期经济收益较好的集约绿化。规划长久绿化时，可以选择珍贵木材或树冠优美的树种；而规划短期绿化时，则可以选择速生丰产的果木树种，这样既能美化乡村环境，又能带来经济收益。推荐降香黄檀、红锥等，用于长久绿化，推荐柚木、楠木等用于短期集约绿化。

4. 公共绿地

村庄中的公共绿地以为广大村民提供休闲游玩场所为主要目标，要充分体现以人为本的建设原则。在功能上，以儿童游戏、青少年文化娱乐、老年游憩健身为主。园林建设以植物造景为主，绿地率大于 70%。

第三节　乡村消防规划设计

我国农村地域广阔且复杂，消防安全问题频发。由于经济、地形、建筑及生活方式的特殊性，农村火灾风险较高，且在近年来呈上升趋势，威胁村民的生命财产安全。农村房屋耐火等级低，防火间距不足，用电设备的安全隐患多，消防基础设施滞后，消防力量薄弱，宣传不足。农民对消防安全知识缺乏了解，消防意识淡薄。必须重视农村消防安全，加强基础设施建设，提升农民消防意识，切实保障农民生命财产安全。因此，农村消防安全规划设计对于美丽乡村建设至关重要，需要做以下规划与设计：

1. 消防规划

居住区用地宜选择在生产区常年主导风向的上风向或侧风向地带，生产区用地宜选择村镇的一侧或边缘。打谷场和易燃、可燃材料堆场，宜布置在村庄的边缘并靠近水源的地方。打谷场的面积不宜大于 2000m²，打谷场之间及其与建筑物的防火间距不应小于 25m。林区的村庄和企事业单位与成片林边缘的防火安全距离不宜小于 300m。农贸市场不宜布置在影剧院、学校、医院、幼儿园等场所的主要出入口处和影响消防车通行的地段，与化学危险品生产建筑的防火间距不宜小于 50m。汽车、大型拖拉机车库宜集中布置，单独建在村庄的边缘。

村庄各类建筑的设计和建造应符合《农村防火规范》（GB 50039—2010）的有关规定。

2. 建筑防火

平原、山地农村在新建、改建、扩建建筑物时，应严格执行《农村防火规范》，农户自行建造的住宅应由村民委员会负责建筑防火方面的技术指导。当地国土资源部门在审批农户宅基地时，应注意避免农户宅基地坐落在山林、树林、稻谷场等有大量可燃物堆积或存储的位置，已经在该位置的，应设置防火墙等防火措施。农民住宅的建造应在村民委员会的指导下，选择靠近自然或人工水源的地段或具备消防车通行条件的道路附近，以及其他便于火灾扑救、报火警等有利于消防工作的位置。采用煤气罐、沼气作为生活用火的农村建筑住宅，其位置线路等须经村委会干部指导设计。

3. 消防给水

山地农村以村民组为单位，设置建设可以供全组使用的天然水池，以管道连接通向各农户，可与农村自来水工程同时建设、同时使用。平原农村以村落为基础，建设水塘、水池或水塔等设施，可与生活用水、农用灌溉用水结合利用，以水渠为消防给水的农村要沿渠道安排布置消防机动泵，布置间距按村居实际情况分布，以保证各农户在火灾能用到水渠中的水灭火。有条件的农村可在道路沿线等适当位置设置室外消火栓。设在自然村的中小学校、幼儿园、文化娱乐场所、养老院、卫生室、商店、村委会驻地，以及其他公众聚集场所或重要建筑物、构筑物、设施所在地周围应设置可靠的消防给水。

4. 消防车通道

山地、平原农村在修建道路时，必须考虑消防车通行能力，保证消防车通行宽度，道路上设置桥梁、涵洞时，必须考虑消防车承载能力。村庄内的消防车通道要尽可能利用交通道路，当路面宽度不小于 3.5m，转弯半径不小于 8m，穿越门洞、管架、栈桥等障碍物净宽 × 净高不小于 4m×4m 时的道路即可作为消防车道。消防车道之间的距离应不超过 160m，应与其他公路相连通。村庄宜设置室外消火栓，室外消火栓沿道路设置，并宜靠近十字路口，其间距不宜大于 120m。消火栓与房屋外墙的距离宜不小于 5m，有困难时可适当减少，但不应小于 1.5m。

5. 消防通信

山地、平原农村应设置消防通信设施，村民组应设有供全组村民可视的火警电话标志；村委会驻地应有消防专线电话。发生火灾后，应保证村民组组长与村委会干部之间通信畅通。村民组组长应保证所在村民组所有村民知道报告火警的方法和措施。农村广播应能够在发生火灾时起到消防通信的作用。

6. 消防装备

山地、平原农村应设置满足所在农村实际的消防装备。水源充足的村民组应及时配备手抬机动泵，每台机动泵随泵配备水带 50m，水枪 2 支；手抬机动泵宜采用汽油发电机，并由村民中具备摩托车、机动车的村民负责维护保养，机动泵在用于农田灌溉时，应保证其灭火功能不受影响；村委会应配置不少于 1 台的消防摩托车。

7. 消防组织

消防组织在乡村安全体系中占据重要地位。村民组志愿消防队由村民组组长兼任队长，并接受消防专业培训。其职责包括每半年组织一次综合性消防训练，维护消防装备，检查并整改火灾隐患，以及指挥火灾扑救等。队长还需定期向村消防队汇报工作情况，推广先进经验，并持续改进消防工作。

村委会志愿消防队由村委会主任兼任队长，队员主要由基层民兵或退伍军人组成，并公之于众。其主要职责为每月组织演习，负责全村火灾统计、扑救指挥、装备器材管理等工作。同时，检查并督促各村民组消除火灾隐患，并在重大活动及节假日期间承担消防安全保卫工作。在特殊时期，如农业收获季节和森林防火期间，队长须组织防火巡查，落实消防政策，并加强消防宣传教育。

乡（镇）政府兼职消防干部由乡政府工作人员兼任，负责全乡消防安全领导工作。其职责包括指导村委会消防工作，编制消防教材，培训和教育专、兼职消防人员，编制并监督实施消防技术标准、法规、制度；负责火灾统计、灭火指挥、装备器材和队伍管理等工作，以及消防人员的抚恤、表彰和惩戒。

8. 消防工作管理机制

在消防工作管理机制方面，村民组重点在于落实消防队员的训练，确保他们熟悉装备器材，以便在火灾发生时能迅速有效应对。村委会则侧重于防火监督和隐患整改，指导村民组消防工作，并在发生火灾时迅速调集灭火力量。乡（镇）政府则着重抓好消防宣传教育和装备建设，协调和指导消防设施、消防给水、通信、通道等技术工作，将消防纳入统一规划，并全面指导乡村消防安全工作。

明确的消防组织及职责划分以及有效的消防工作管理机制，能够明显提升乡村消防安全水平，确保农民的生命财产安全。

第四节　乡村防洪、防灾规划设计

在新农村建设中，应该将"防灾型社区"建设融入乡村建设规划，合理安排农村各项建设布局，与村庄建设同步规划、同步进行、同步发展，既保持农村良好的生态环境，避免对自然环境的人为破坏，减轻各类灾害对农村正常经济和社会生活的影响，又从根本上逐步改善农村防灾减灾基础设施条件，提高防灾减灾能力。在防灾减灾的规划中，除了消防规划外还必须严格按照防洪、抗震防灾、防风、防疫和防地质灾害的要求进行统一部署。

一、防洪规划

村庄的防洪建设是整个区域防洪的组成部分，应按国家《防洪标准》（GB 50201—2014）的有关规定，与当地江河流域、农田水利建设、水土保持、绿化造林等规划相结合，统一整治河道，修建堤坝、圩垸等防洪工程设施。位于蓄、滞洪区内的村庄，应根据防洪规划需要修建围村埝（保庄圩）、安全庄台、避水台等就地避洪安全设施，其位置应避开分洪口、主流顶冲和深水区，围村埝（保庄圩）比设计最高水位高1.0～1.5m，安全庄台、避水台比设计最高水位高0.5～1.0m。防洪规划应设置救援系统，包括应急疏散点、医疗救护、物资储备和报警装置等。

二、抗震防灾规划

社会主义新农村村庄建设规划调查研究显示，农民新建住房虽然80%以上是楼房，但其中90%以上的均未按抗震规范进行设计，施工质量不高、品位低，不仅浪费了大量人力、物力、财力，影响了环境，而且没有从长期性、根本性上改善农民居住条件。

在新农村建设中，如何将防震减灾工作纳入整个村镇规划、建设与管理中，已成为重要的问题之一。村庄位于地震基本烈度在 6 度及 6 度以上的地区应考虑抗震措施，设立避难场、避难通道，对建筑物进行抗震加固。防震避难场指地震发生时临时疏散和搭建帐篷的空旷场地。广场、公园、绿地、运动场、打谷场等均可兼作疏散场地，疏散场服务半径宜不大于 500m，村庄的人均疏散场地宜不小于 3m²。疏散通道用于震时疏散和震后救灾，应以现有的道路骨架网为基础，有条件的村庄还可以结合铁路、高速公路、港口码头等形成完善的疏散体系。

对于公共工程、基础设施、中小学校舍、工业厂房等建筑工程和二层住宅，均应按照现行规范进行抗震设计，对于未经设计的民宅，应采取提高砌块和砌筑砂浆强度等级，设置钢筋混凝土构造柱和圈梁、墙体，设置壁柱、墙体内配置水平钢筋或钢筋网片等方法加固。

三、防风减灾规划

村庄选址时应避开与风向一致的谷口、山口等易形成风灾的地段。风灾较严重地区要通过适当改造地形、种植密集型的防风林带等措施对风进行遮挡或疏导风的走向，防止灾害性的风长驱直入。在建筑群体布局时要相对紧凑，避免在村镇外围或空旷地区零星布置住宅，在迎风地段的建筑应力求体形简洁规整，建筑物的长边应与风向平行布置，避免有特别突出的高耸建筑立在低层建筑当中。

易形成台风灾害地区的村庄规划应符合下列规定：第一，滨海地区、岛屿应修建抵御风攀潮冲击的堤坝；第二，确保风后暴雨及时排出，应按国家和省、自治区、直辖市气象部门提供的登陆台风年最大降水量和日最大降水量，统一规划建设排水体系；第三，应建立台风预报信息网，配备医疗和救援设施。

易形成风灾地区瓦屋面不得干铺干挂，屋面角部、檐口、电视天线、太阳能设施以及遮阳板、广告牌等凸出构件要进行加固处理。

四、防控地质灾害

居民区选址尽可能避开抗震不利地段，以防止地质灾害。抗震不利地段指软弱土、液化土，条状凸出的山嘴、高耸的山丘、非岩质的陡坡，河岸及边缘，在平面分布上成因、岩性、状态明显不均匀的土层，如古河道、疏松断层破裂带、暗藏的沟塘和半挖半填的地基等。危险地段指可能产生滑坡、崩塌、地陷、泥石流及地震断裂带上可能发生的地表错位等地段。地质不良地段指冲沟、断层、岩溶等地段，这些地段在地震时极易产生次生灾害。

第五节　乡村治安防控规划设计

当前，我国城市治安防控体系已见成效，但乡村治安防控体系建设尚显滞后。在"大智移云"时代和乡村振兴战略的推动下，构建现代化乡村治安防控体系至关重要。规划现代化的乡村治安防控体系的首要任务是完善乡村治安防控体系的基础设施建设，包括硬件层、信息数据层和网络层。硬件层是基础，涉及电网、宽带等设施；信息数据层则负责信息的收集、处理与分析，通过监控探头等设备实现实时监控；网络层则通过移动警务网等平台实现信息的输入输出。其次，构建应用平台是关键，智能指挥、办公、监控等环节应协同工作，形成高效智能的值班体系。同时，健全相关保障机制也不可或缺，涉及法律制度、人才、财政等多方面支持。此外，公安机关作为主力军，须准确把握乡村治安状况，融入现代信息技术，聚焦资源整合、源头管控等环节，推动乡村治安防控体系转型升级。通过完善基础设施、构建应用平台、健全保障机制以及发挥公安机关作用，打造现代化乡村治安防控体系，提升乡村治理效能。

第六节　乡村公共服务设施规划设计

长期以来，中国的城镇规划只注重了对城市的规划，对农村的规划编制比较薄弱，而对农村公共服务设施体系的建设更是缺乏系统性研究与实践，使得农村地区的公共服务水平与城市有明显差距。

根据统筹城乡公共服务设施建设，推进城乡基本公共服务均等化的要求，制定适宜农村地区特点的公共设施规划模式。

1. 农村公共服务设施规划原则

1）以城带乡，统筹发展原则。将农村公共服务设施规划纳入村庄规划的一部分，统筹协调并充分利用城市设施资源，差别配置，实现资源的共享和综合利用，以实现城乡公共服务设施的一体化。

2）远近兼顾原则。既要考虑近期需求，又要充分考虑到人口老龄化和城镇化的长期发展趋势，适应农村地区未来人口分布变化。

3）以人为本原则。从实际出发，帮助农民改善农村最基本、最基础、最急需的公共服务设施项目。公共服务设施布局应与城乡居民点布局、城乡交通体系规划相衔接，尽可能贴近农民，生活便捷，共享方便，为创造良好人居环境和构建和谐社会创造条件。

4）因地制宜原则。不同类型的村庄，应结合自身周边的建设情况采用不同的设置标准。

5）集中布置原则。农村公共服务设施应尽量布置在村民居住相对集中的地方，同时考虑到公共服务设施项目之间的互补性，应将各类设施尽量集中布置。如文化体育设施、行政管理设施可适当结合村庄的公共绿地和公共广场进行集中布置，从而形成村公共中心，也为村民的休闲娱乐、体育锻炼、交流等各方面的需求提供便利。

2. 农村公共服务设施规划布局

公共服务设施应结合村庄性质、规模、经济社会发展水平及周边条件等实际情况配置。

1）对于人口密集、交通便捷的东部地区，村庄公共服务设施可结合镇（乡）基础设施配置，公共服务设施规模可适度降低。

2）人口密度较低、较为分散的西部地区，村庄可能承担较多的服务职能，公共服务设施规模可适度扩大。

3）村庄公共服务设施布局主要可以分为集中式和分散式两种形式。通常村庄的人口和用地规模都较小，但需要配置的类型却不能少，因此，为集约用地，方便实用，各类公共设施应根据村庄总体布局，尽可能采用集中式布局，形成村庄公共活动中心；只有不适合与其他设施合建的或者服务半径太大的时候，才采用分散布局的方式，分散式布局应结合村庄主要道路形成街市。农村新的居民点布局应采用集中布置形式。结合居民点的具体布置情况对所辐射区域的服务人口进行公共服务设施配置。

第七节　乡村文化规划设计

新农村建设需全面考量经济、文化、教育等多方面，其中文化建设尤为关键。文化作为"软实力"，深刻影响着农民的思想和行为，当前农村文化建设相对滞后，物质追求往往掩盖了文化需求，设施与服务供给不足。因此，美丽乡村规划务必纳入文化建设，加大投入，丰富文化产品，满足农民精神需求，并提升农民科学文化素质和道德水平。

新农村建设不仅要关注经济发展与基础设施，还要致力于提升农民收入、培育新型职业农民和改善农村风尚。这要求加强基础教育、职业培训和医疗体系，培养有文化、技术、经营能力的新型职业农民，并推进农村民主法治建设，创造和谐环境。主要是做好以下几个方面：

1. 农村文化规划至关重要，为新时期农村文化建设提供制度与组织保障。文化建设能培育时代精神、体现人文关怀、促进全面发展，应与政治、经济、社会建设相协调。各级党委和政府应肩负农村文化建设责任，将其纳入重要议事日程和规划，确保目标实现，并建立相关责任制和评价机制，推动农村文化建设法治化、规范化和制度化。

2.加大对发展农村文化的政策倾斜和投入力度，"输血"投入与"造血"投入相结合。

1）确保并加大文化资源向农村的倾斜，优化文化资源配置，增加农村服务的资源总量。根据《"十四五"文化发展规划》的指引，我们要在县、乡、村三级分别建设新时代文明实践中心、所、站，实现全覆盖。同时，推动文明实践志愿服务，建立志愿服务项目库，完善工作模式，打造志愿服务品牌，并鼓励新闻、文艺工作者及学者参与其中，使志愿服务成为常态化。

2）完善公共文化设施网络。《"十四五"文化发展规划》强调，统筹推进基层公共文化资源整合，提高基层综合性文化服务中心的使用效益，并与县级融媒体中心、新时代文明实践中心建设相衔接。同时，探索公共文化机构和旅游服务中心的功能融合，加强各类公共文化场馆的建设与免费开放，探索建立全国市县广播电视节目公共服务平台，完善广播电视传输覆盖网络和应急体系。

3）"送文化"与"种文化"相结合，"送文化"的目的在于"种文化"，让文化能够在农村生根发芽。送演出、送戏、送书等"喂食"式的文化帮助已不能满足当代农民的需求，长期以来这种方式未能从根本上改变农村文化的落后面貌，国家力量推行的精英文化因难以在农村扎根而形成"无根"文化。为激发农村文化活力，保护和传承民间文化，应培养和激励"乡土艺术家"。通过国家公共财政引导，支持农村文化精英人才的培养，建立一支乡土化、农民化的文化队伍，使其成为农村文化的承载者和传播者。这样不仅能满足农民的文化需求，更能促进农村文化的长期发展。

4）加强农村自身文化建设，丰富和创新农村文化形式和内容，确保文化发展方向正确，并紧密结合"三农"需求。推出生活文艺精品和健康文娱活动，引导农民形成文明健康的生活方式。利用节日和集市，组织丰富多样的群众活动，发掘民间文化，打造特色文化品牌。此外，我们还要挖掘和保护优秀传统文化资源，普及农业科技和卫生保健知识，让农民在娱乐中受教育、学文化。

5）发展农村特色的文化产业。加强新农村文化建设需发展农村文化产业，尽管当前农村文化市场存在诸多问题，如环境差、认识不足和制度不完善等，制约了文化产业进程与发展，但随着农民生活水平提高，农村文化产业会显示出巨大潜力和活力，成为文化发展的重要形态。我们应积极发展健康的农村文化产业，利用丰富的乡土文化资源，推动传统文化和民间艺术产业化，形成品牌，推出文化名镇、名村。这不仅有助于解决"三农"问题，增加农民收入，更能推动先进文化建设，实现农村文化的繁荣与发展。

第八节 乡村产业规划

全面开展农村土地综合整治，建设高标准农田，引导农村土地承包经营权向专业大户、家庭农场和农民专业合作社流转，大力发展农业特色产业，做强农业特色产业村。充分利用丰富的乡村旅游资源，串联美丽乡村旅游线路，发展星级农家乐，推进旅游休闲产业村的建设。依托村级现有的传统工业基础，积极发展木材、竹制品、农产品加工等产业，加强特色产业村建设。挖掘乡村文化元素，对村庄内的古民居、祠堂、牌坊等历史遗存进行保护性的修复，做强文化特色村。

乡村规划是相对于城市规划而言，集聚于乡村地区和乡村聚落，是对未来一定时间和乡村范围内空间资源配置的总体部署和具体安排，也是各级政府统筹安排乡村空间布局、保护生态和自然环境、合理利用自然资源、维护农民利益的重要依据。乡村规划的科学编制与实施对于乡村地区的有序建设和可持续发展具有引导和调控作用。

村庄规划是在乡镇居民点规划所确定的村庄建设原则的基础上，为实现经济和社会发展目标而制定的在一定时期内的发展计划。村庄规划的根本任务是明确村庄性质、发展方向、人口与用地规模及结构，合理配置基础设施和公共建筑，安排建设项目及其时序，致力于满足村民的生产、生活需求，并打造与当地经济水平相适应的人居环境。在编制过程中，村庄规划强调保障村民利益、形成公共政策，并坚持因地制宜、节约用地、保护生态等原则。规划的科学性和严肃性是乡村建设和管理的基石。

第九节 乡村环境规划设计实例：丁山河村拆迁农居安置点市政配套工程

该项目参见图 4-1、图 4-2。

图 4-1　丁山河村拆迁农居安置点组团鸟瞰图

图 4-2　丁山河村拆迁农居安置点透视图

一、消防规划设计

1. 设计依据

《建筑设计防火规范》（GB 50016—2014）；

《自动喷水灭火系统设计规范》（GB 50084—2017）；

《火灾自动报警系统设计规范》（GB 50116—2013）；

《汽车库、修车库、停车场设计防火规范》（GB 50067—2014）；

其他有关规范及标准。

2. 总平面消防设计（图 4-3）

（1）地块内的主要建筑均为低层建筑，环形消防道路结合小区道路网设计。

（2）主干道宽 7m，次干道宽 4m，满足消防要求。

（3）设计在小区西、南、北 3 个面均设置消防出入口，消防车进入小区道路通畅，紧急情况下可及时疏散。

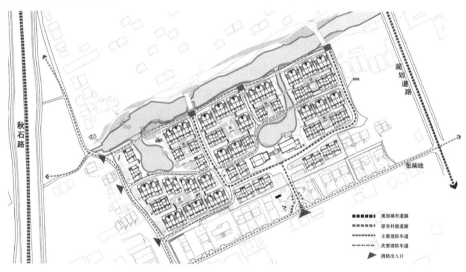

(1) 消防道路结合小区道路网设计，分主、次二级，主车道四周环通，次车道可深入住宅栋间。
(2) 主车道宽7m，次车道宽4.0m，主次道路宽度及转弯半径均满足消防要求。
(3) 整个小区设置消防通道入口两个以上，消防车进入小区道路通畅，紧急情况下可及时疏散。

图 4-3　丁山河村拆迁农居安置点消防分析图

3. 建筑防火设计

建筑防火分区、疏散距离以及防火距离满足《建筑设计防火规范》（GB 50016—2014）要求。

4. 消防给排水

（1）依据地块的建筑高度和使用性能以及国家有关的消防规范要求，本工程仅设室外消火栓。

（2）室外消防：室外消火栓系统采用低压制设计，取用城市自来水作为小区的消防水源，地块内生活给水管和消防给水管合用。

本地块从秋石路市政管网引入一路 DN150 给水管，沿主要道路枝状铺设，供应本社区内室外消防和生活用水。

室外消火栓按小于120m间距设置，保护半径不大于150m。

5.消防电气

（1）本工程为低层住宅建筑及多层公共建筑，消防负荷、应急照明按二级负荷考虑，由两回路电源供电。

（2）消防设备（如火灾报警电源、事故照明等）均采用双电源供电，末端自投自复。

（3）消防用电设备采用独立的供电回路，其配电设备应设有明显标志，并在发生火灾时切断非消防电源，保证消防设备的正常供电。

（4）消防配电干线采用耐火型电缆，沿桥架敷设；配电分支线采用阻燃型BV绝缘导线，穿金属管沿现浇板暗敷，当沿顶棚敷设时，须在金属管壁涂防火涂料保护。

（5）火灾事故照明及疏散指示照明楼梯间等处设有继续工作用的事故照明；门厅等人员密集场所设置暂时继续工作的事故照明；走道、楼梯间等处设有疏散照明和疏散指示标志；火灾应急照明除采用双电源供电末端自投自复外，还设置了适量的带蓄电池作为应急电源的照明灯具，且连续供电时间不少于30min。

6.消防中的防排烟

防排烟也是消防工作任务之一，本工程所有走道、室内场所均满足自然通风要求。

二、整体景观布局规划设计

该项目整体规则设计参见图4-4～图4-7。

总图布置体现整体性和均衡性。规划结构可以概括为"一中心二水塘多院落"。

"一中心"是指结合主入口广场及公共配套用房展开的主景观带，从主要入口一直延伸到地块中心的滨水景观，沿着这条景观带构成整个小区居民中心公共活动空间。

"二水塘"是指区块内保留下来的两个水塘景观带，沿着这两条景观带形成居民的公共带形活动空间。

"多院落"是指从小区的整体结构层面上通过景观带和主环路，将整个小区在片的基础上又能系统地划分出若干独立组团院落。

整个小区的户型布局以体现同类型的均衡性为原则，双拼及部分多拼户型布置于组团院落中，增强院落的围合感与整体性，独栋户型布置于景观较好的滨水区域，形成一定的层次感。公共配套用房结合入口广场及公共水域布置，形成居住区主要的中心景观带。

总体规划结构上体现了三大特点：布局围合有序、突出中心景观、强化组团空间。

总体布局上采用"杭派民居"组团院落式的空间布局原则，充分考虑建筑和景观的融合，保证中心院落的品质及各组团景观的独特性。

（1）行进的乐趣——主入口广场及组团院落景观

地块南侧公建结合入口广场及公共水域布置，形成对景的主入口空间，与内部景观空间之间形成自然的过渡体系。内部的庭院将自然、空间的收放变化与景观小品结合，使院落空间充满层次感。

（2）辐射网络——景观渗透进每个角落

主体景观带同各组团之间景观及组团院落景观形成网络体系，以主景观带作为辐射源，让景观渗透进每个组团院落，从而使所有住户都能感受到多层次景观带来的丰富景色。

（3）内外呼应——景观带和城市绿化景观相互融合

主景观网络体系通过往南和往西延伸的景观轴与城市道路绿化景观相互呼应，达到了内外景观的自然渗透与巧妙融合效果。

（4）变化的统一——丰富的视觉效果

整个小区在设计和营造的过程中，着力进行视觉上的控制，对多种可能性进行详尽考虑。通过对"杭派民居"建筑元素的提取，结合建筑形体的变化，使得每个面，每个角度，每间房子，几栋建筑以及几组景观组团空间都有不一样的视觉效果，整体又能呈现水乡特色。

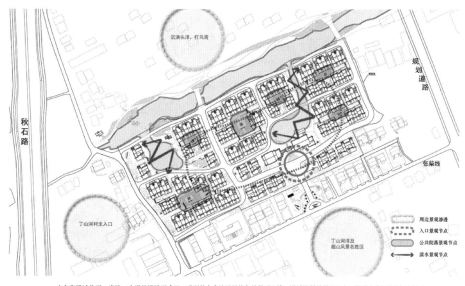

本方案通过巷弄、庭院、步道的设计形成了一系列具有当地民居特色的景观环境。通过这样的景观组合，达到步移景迁的视觉效果。
公共绿化系统与庭院深深的组团有机组合，最终构筑成可居、可游、可观、可赏的整体空间景观。

图4-4 丁山河村拆迁农居安置点景观分析图

住宅区内的路网设计提炼杭派民居中"曲径通幽"的特色，区内路网布置蜿蜒自然，配合局部小桥流水的设置，体现江南民居温婉而别致的独特气质。

图 4-5 丁山河村拆迁农居安置点视线分析图

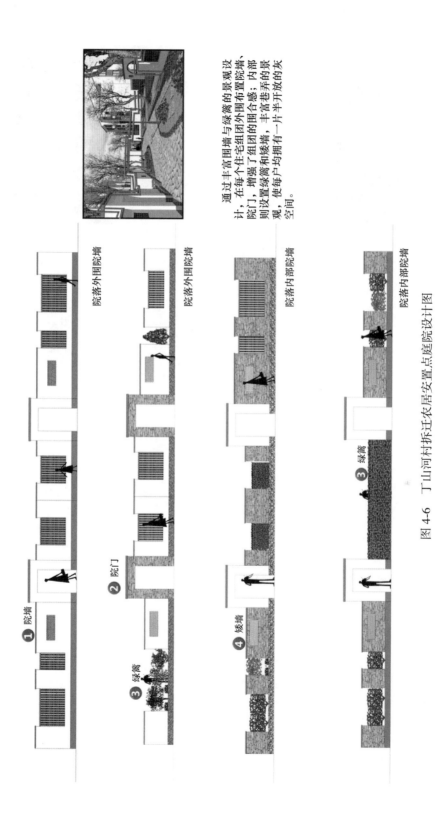

通过丰富围墙与绿篱的景观设计，在每个住宅组团外围布置院墙、院门，增强了组团的围合感；内部则设置绿篱和矮墙，丰富巷弄，使每户均拥有一片半开放的灰景观、空间。

图 4-6　丁山河村拆迁农居安置点庭院设计图

① 院墙　　② 院门　　③ 绿篱　　④ 矮墙

院落外围院墙

院落外围院墙

院落内部院墙

院落内部院墙

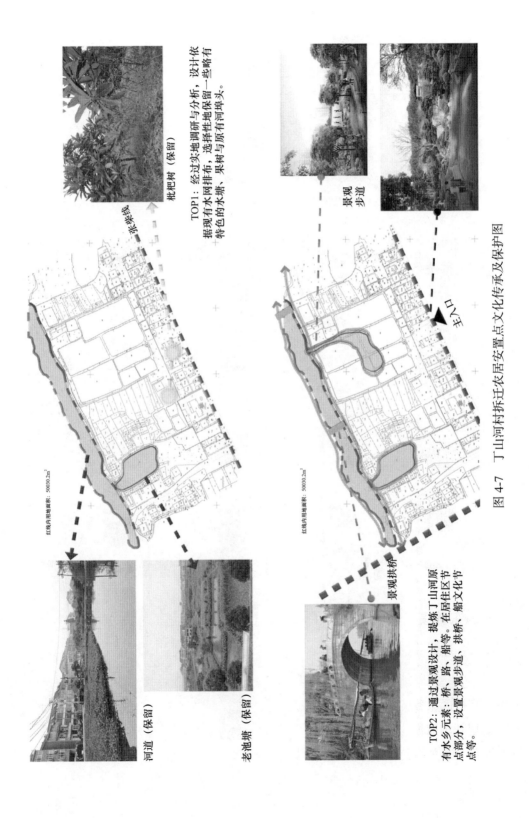

图 4-7　丁山河村拆迁农居安置点文化传承及保护图

枇杷树（保留）

TOP1：经过实地调研与分析，设计依据现有水网排布，选择性地保留一些略有特色的水塘，果树与原有河埠头。

张柴线

红线内用地面积：50030.2m²

景观步道

主入口

红线内用地面积：50030.2m²

河道（保留）

老池塘（保留）

景观拱桥

TOP2：通过景观设计，提炼丁山河原有水乡元素：桥、路、船等。在居住区节点部分，设置景观步道、拱桥、船文化节点等。

三、环境保护与防疫规划设计

1. 设计依据

规划依据《污水综合排放标准》（GB 8978—1996），以及其他国家、地方、行业有关规范及标准。

2. 总平面

1）小区内采用专门垃圾收集点，采用塑料垃圾收集袋。

2）沿城市道路布置合理的绿化以减少噪声干扰。

3. 给排水部分

1）卫生防疫专篇

（1）室内冷热水给水管均采用内衬不锈钢复合钢管，避免管道锈蚀，污染水源。

（2）公共洗手间洗脸盆采用感应式龙头，小便器采用感应式冲洗阀，避免形成交叉感染隐患。

（3）本工程总水表之后设管道防污染隔断阀，防止红线内给水管网之水倒流，污染城市给水。

2）环保专篇

（1）室内住宅部分采用污废分流制（厨房废水立管独立设置），配套公建部分采用污废合流制。室外排水采用雨、污分流制。

（2）生活污水采用二级处理，污水经处理达到国家排放标准后才排至河道。

4. 暖通部分

1）所有运转设备选用低噪声产品，并采取隔声、减振及消声处理。

2）风管道加消声措施。

第十节　乡村环境规划设计实例：东林镇泉益村美丽乡村精品村

一、东林镇泉益村美丽乡村精品村公共设施规划设计

1. 公共设施规划设计

村域公共设施规划分为民生设施和旅游服务设施两类。以民生设施主要现状保留为主，有社区服务中心、文化礼堂、社区卫生服务站、荡湾里公园等，规划结合村庄旅游规划新增旅游服务设施，主要有商业综合体、水乡特色渔庄、柳编文化展示馆、柳编教室、渔文化展示馆、乡村大食堂（图 4-8）。

2. 照明工程规划设计

主路路灯：对村庄的方形对外通道按 35m 间距单侧布置。

景观灯、村庄内部路灯：规划村庄在广场、景观节点周边设置景观灯，同时，各自然村内部设置路灯，共142盏路灯，服务半径15m左右，路灯形式应与村庄环境及风貌相协调（图4-9）。

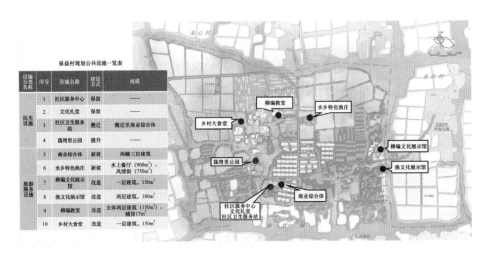

图4-8　该村公共设施规划设计图

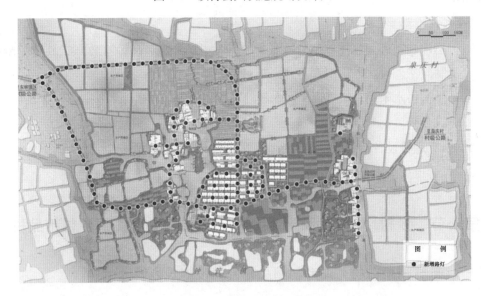

图4-9　该村新增路灯图

3. 环卫工程规划设计

垃圾收集设施：①按每10户配一处垃圾桶设置点，公建、公园周边需配置垃圾收集点，共配置垃圾收集桶设置点30处；垃圾收集桶底部进行硬化、围挡处理。②实施垃圾分类收集，每处垃圾收集点放置颜色不同、有分类标识的两个垃圾桶，分别投放厨余垃圾和其他垃圾。③垃圾收集房按照标准垃圾分类收集房进行建设。④配备保洁人员、清运人员、监管人员，明确管护区域，落实管理责任，筹措管理经费。车辆将垃圾统一运往镇区垃圾中转站，保证垃圾日产日清（图4-10）。

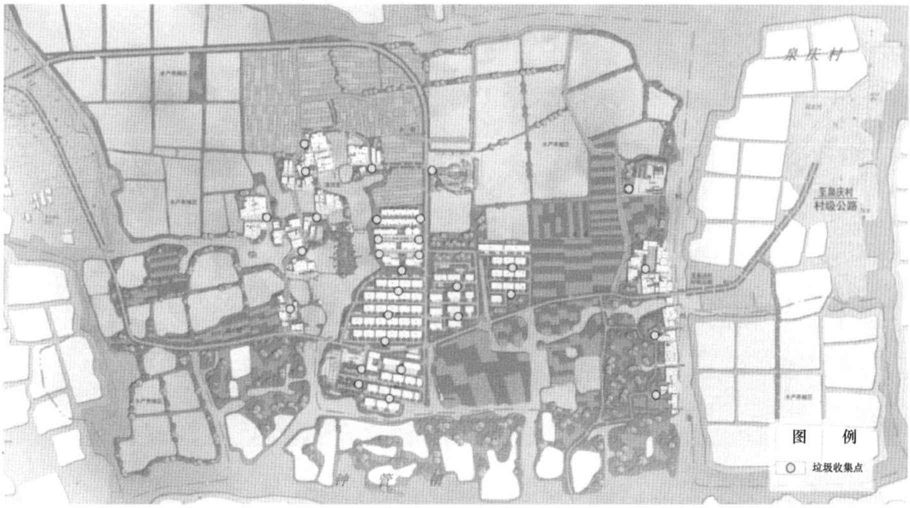

图 4-10 该村垃圾收集点示意图

二、东林镇泉益村美丽乡村精品村重要节点改造规划设计

1.入口村标改造规划设计

规划在新老进村道路交叉口新建入口村标。村标提取江南水乡建筑中的马头墙及漏窗等元素，粉墙黛瓦、高低错落，整体设计简洁大气又不失地域特色，体现江南水乡的韵味，提升泉益村的入口形象（图4-11、图4-12）。

图 4-11 该村现状村口照片

图 4-12　该村村口改造效果图

2. 现状公园提升改造设计

现状荡湾里有一处小公园，规划在此基础上进行提升，增加亭和长廊的组合，对公园现状绿化进行整理补种，拆除健身器材，打造村民小广场，用水缸进行装饰（图 4-13）。

3. "小桥流水人家"的改造设计

荡湾里有座小桥，用简易预制板搭建，规划结合周边民居打造"小桥流水人家"的景观节点（图 4-14、图 4-15）。

4. 树屋吊桥规划设计

荡湾里滨水公园利用环形步道达成环通的目的，贯通水塔北部滨水道路，并利用现状两处香樟林和竹林，打造树屋吊桥设计，沟通滨水步道，形成滨水环线（图 4-16、图 4-17）。

5. 风车粮仓改造规划设计

在荡湾里公园有一处水塔，规划按其现在的形状进行乡土化改造，形成风车粮仓景观（图 4-18、图 4-19）。

6. 瞭望塔规划设计

泉益村属于水乡平原地区，全村没有制高点去欣赏花田、水塘、村落等景观，规划在荡湾里北侧设置瞭望塔，人们可登高欣赏七彩花田、生态养殖区、荡湾里等景观（图 4-20）。

7. 泉家潭老轮船码头改造规划设计（图 4-21）

改造前

位置示意

现状该湾里有一处小公园，规划在此基础上进行提升，增加亭和长廊的组合，对公园现状绿化进行整理用补种，拆除健身器材，打造村民小广场，用水缸进行装饰。

增加廊和亭组合

拆除健身器材，整理广场

增加水缸装饰，水缸绘制脸谱，种植荷花

现状绿化整理补种

图 4-13　该村公园改造效果图

图 4-14　该村现状"小桥流水人家"景观照片

图 4-15　该村"小桥流水人家"景观改造后的效果图

图 4-16　该村树屋吊桥规划图

图 4-17　该村树屋吊桥设计效果图

➢ 改造前

图 4-18　该村现状水塔照片

大水塔改造成风车

小水塔改造成粮仓

垂挂玉米、辣椒等

堆放南瓜

图 4-19　该村风车粮仓改造效果图

泉益村属于水乡平原地区，全村没有制高点去欣赏花田、水塘、村落等景观，规划在荡湾里北侧设置瞭望塔，可登高欣赏七彩花田、生态养殖区、荡湾里等景观。

图 4-20　该村瞭望塔效果图

图 4-21　该村泉家潭老轮船码头改造效果图

8. 乡村道路改造规划设计

泉庆公路现状道路宽度为 4m 左右，不方便两车交会，且无扩宽空间，规划在村庄北部利用现状塘埂路新建一条 L 形进村道路，直达泉益新村。现状塘埂路边存在乱搭建、占地大、风貌差的临时建筑，道路为 2～3m 宽的塘埂（泥路），两侧零散地种着几棵小水杉。塘埂路完成改造后为沥青路面，长约 1000m，宽度为 7m，两侧种植水杉（图 4-22）。

沥青路面，长约1000m，宽度为7m，两侧种植水杉。

塘埂种植垂柳和果树

统一为传统的茅草棚　　　宽7m，柏油路面，中间为彩虹分隔线　　　道路两侧继续采用水杉树（中大苗）　　　水杉树下撒播三叶草或籽播花卉　　　塘中白鹭雕塑有装饰美化的作用

图 4-22　该村进村主要道路改造效果图

9.骑行绿道规划设计

在村庄北部贯通一条骑行绿道，与村庄南部的水上游线形成"环村而行、绕水而游"的村庄旅游环线。骑行绿道，起点从荡湾里南部入口出发，贯穿荡湾里、七彩花田、特色农庄、村庄北侧河流、生态养殖区，最终到达泉家潭古村落，全程大约1000m，设计宽度为4m。骑行路道路面宜采用乡土材料，与农村风貌相适应。底层泥路压实，上层铺撒瓜子片（图 4-23）。

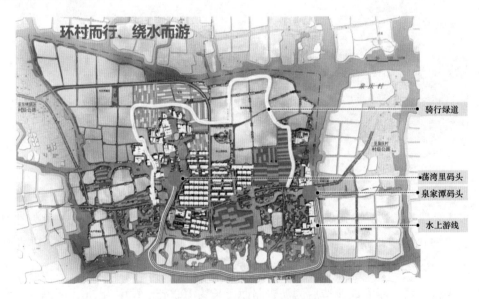

图 4-23　该村骑行绿道规划图

　　绿道两侧种植梨树，春天可以赏梨花，夏天可以采摘果实，两侧花田用稻草人装饰点缀，增加秋千等游乐设施（图4-24）。

图 4-24　该村骑行绿道周边规划图

10. 美丽庭院改造规划设计（图 4-25 ~ 图 4-29）

图 4-25　该村居民庭院现状

保留白墙，种植蔷薇、金银花等植物，进行装饰

现状风水墙改造，外侧对现状绿化进行整治，建设花坛，种植月季等乡土植物

保留现状植物，建造花坛，配置乡土植物

墙体花坛种植杜鹃等植物，并进行装饰

户间墙体设置花坛，种植绿化装饰

0.8~1.0m高的青砖矮墙围合形成庭院

图 4-26　该村居民庭院改造效果图（一）

➤ 改造前

增加花坛，种植迎春花垂挂

增加青砖矮墙围挡

图 4-27　该村居民庭院改造效果图（二）

图 4-28 该村居民庭院改造效果图（三）

图 4-29 该村居民庭院改造效果图（四）

11. 水系驳岸改造规划设计

现状荡湾里公园在美丽乡村创建中已经完成松木桩生态驳岸的建设，村落中民居基本依水而建，民居周边以及泉家潭临水界面基本为砌石硬质驳岸，规划保留现状生态驳岸，以清理为主。规划通过节点的打造，将荡湾里公园内部水质较差的微小水体（小池塘）进行塘埂改造，架空建设，将这些微小水体与外部水系进行沟通，改善水质（图 4-30~图 4-32）。

图 4-30　该村驳岸现状

图 4-31　该村小池塘现状

塘埂改造为架空石板桥,沟通水系

图 4-32 该村水系驳岸改造效果图

12. 小品绿化规划设计

在景观小品打造上多使用传统老物件,如水缸、瓦罐、石臼、老石板等;多使用乡土材料,如竹子、木头、青砖、块石等。选用乡土花种:凤仙花、鸡冠花、蜀葵、木槿、牵牛花、紫茉莉、向日葵、油菜花、狗尾巴花、太阳花等。多使用果树:桃树、梨树、石榴树、柿子树、枇杷树、葡萄藤等。

第十一节 乡村环境规划设计实例:浙江省海宁市袁花镇

袁花镇地处海宁市东南部,东距上海 120 千米,西离杭州 70 千米。01 省道复线穿境而过，杭浦高速及绍嘉跨海大桥将在域内交叉相会，境内河道纵横，省级航道六平申线贯穿全境，水陆交通便利，山清水秀，自然条件优越。（图4-33）

本次设计规划设计范围包括三大村庄：

夹山村：以居住功能为主，整治居住环境，提高村民的生活品质。

新袁村：以乡村文化为魂，结合乡村旅游，实现新袁村文旅融合。

双丰村：以田园风光为底，实现乡村风景与休闲娱乐的融合。

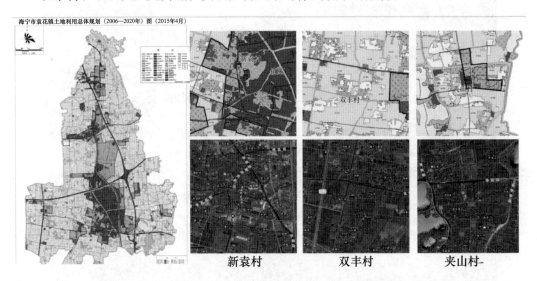

图4-33　海宁市袁花镇美丽乡村景观总体规划图

一、悠活夹山村，寄情山水田：夹山村景观改造规划设计

以用地功能为导向，按照空间结构划分景观分区，明确各分区景观特色，引导相应道路景观营造；对交通功能导向、景观基质、建筑功能、开敞环境、空间尺度等进行综合分析，确定景观体系格局。

1 改造地段

（1）入口迎宾段——四季彩田，突出区域标志性特色，统筹协调城乡结合部道路空间的融合，营造入口浓烈欢快的迎宾气氛，形成开放通透、气势恢宏的道路景观风格。

（2）主题游乐段——花繁似锦，强调道路景观风格与建筑环境的整体协调，构建形式多变、景观丰富、绿化空间充足的道路景观环境。

（3）乡村观光段——林木清幽，注重精细、丰富的道路景观营造，强调特色村庄与自然山体、田园环境、水系湖泊的高度融合，形成以自然景观为背景的高品质道路景观环境。

（4）田园体验段——蔬果飘香，强调慢行景观营造，具有多样化的公共活动与交往空间，形成绿树成荫、尺度宜人、充满生活休闲气息的道路景观环境。

夹山村经过景观规划设计改造后，希望实现以下美好愿景：

形成美丽村的风格：领略不一样的田园风光，使人沉醉于梦幻般的场景，体会别样的农业创意理念，感悟传统的乡村文化。

吸引美丽村的客人：安逸的氛围安抚游者的心灵，清新的空气净化都市人的呼吸，奇特的活动引人驻足，新鲜的食物丰富美食家的味蕾，浪漫的气息吸引情人的目光。

营造美丽村的美好生活：孩子们可以在稻田里撒野、扑蝴蝶、编花冠；年轻人可以远离城市喧嚣，锻炼身体，体验低碳健康的休闲活动；老年人可以寻觅一处宁静温馨之地，回忆过往岁月，感受时光流淌。（图4-34）

图4-34　海宁市袁花镇夹山村美丽乡村景观改造

2.景观改造策略

（1）道路改造（图4-35）

对林荫村道进行精心改造，道路两旁新增花草装饰，为村庄增添一抹自然色彩。

路面铺设沥青，边缘用自然石材进行收边处理，使整个道路显得更加整洁、美观。

这样的改造不仅提升了村庄的景观品质，也为村民提供了更加舒适宜居的环境。

图 4-35　夹山村道路改造效果图

（2）河道改造（图 4-36 ～ 37）

四季彩田，根据季节选择不同的种植物

图 4-36　夹山村河道现状照片

图 4-37　夹山村河道改造效果图

（3）村庄景观改造

鸟语花香、绿树成荫（图 4-38～图 4-39）

图 4-38　夹山村景观现状照片

图 4-39　夹山村景观改造效果图

（4）公园景观改造

利用区域现状优势，打造休闲旅游类矿坑公园（图 4-40～图 4-41）

图 4-40　海宁市袁花镇公园景观现状照片

图 4-41　海宁市袁花镇公园景观改造意向图

二、文道、商道文化特色的村落：新袁村景观改造规划设计

新袁村位于海宁市袁花镇南，全村面积 4.48 平方千米，现有 19 个村民小组，总户数 784 户，人口 2496 人。新袁村山明水秀、人文荟萃，北部有风景宜人的城隍山，中部有著名武侠小说家金庸的旧居，南部有著名实业家查济民的祖居，还有着"花溪十二景"的民间传说。（图 4-42）

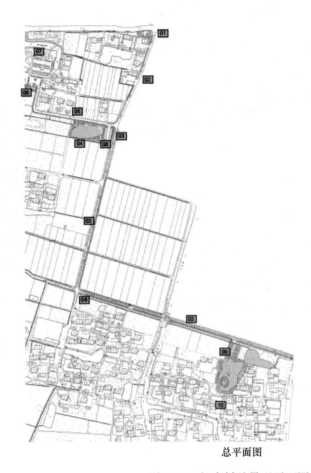

总平面图

01 入口形象区
02 村落风貌区
03 节点停车区
04 曲风荷塘区
05 院落
06 金庸文化广场区
07 村落公园
08 节点休息亭子
09 曲径通幽休闲公园
10 查氏故居

N

图 4-42　新袁村总景观平面图

　　整体景观方案通过对道家文化的深度挖掘，着重体现"道"的精神本体。在功能分布上：道生一，一即景观主轴线；一生二，二即整体分为有形之道区和无形之道区；二生三，三即各区的主要景观节点；三生万物，万物即细节设计点。融合花溪十二景的村落文化，打造不同的节点体验。（图 4-43 ～图 4-47）

图 4-43　新袁村金庸故居现状照片

图 4-44　新袁村金庸故居改造效果图（一）

图 4-45　新袁村金庸故居改造效果图（二）

图 4-46 新袁村景观现状照片

图 4-47 新袁村景观改造效果图

三、畅想出水田，寻梦油车堰：双丰村景观改造规划设计

双丰村将重点以油车堰历史文化为引领，集技艺传承、观光农业、乡村体验为一体，串联起一条油车堰精品点、海宁市泥土香种养专业合作社为主的精品线路，培育发展乡村旅游、民宿点、农家乐等项目，达到文化遗产保护和美丽乡村文化旅游产业发展的目的，带动双丰村新型农村经济体的发展，惠及民生（图4-48）。

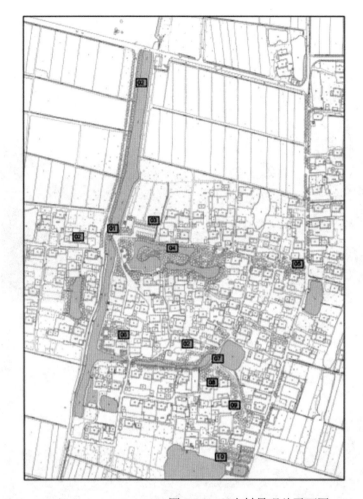

01 入口形象区
02 村落风貌区
03 节点停车区
04 曲风荷塘区
05 院落
06 田园公社文化区
07 村落休闲节点
08 节点休息亭子
09 曲径通幽步道
10 节点风貌区

N

图4-48 双丰村景观总平面图

1. 新农村改造模式

模式一："输血式"农村建设模式——注重农村环境整治和美化

"输血式"农村建设模式以政府公共财政投入为支撑和导向，通过支农资金机制，统筹城乡发展，引导工业反哺农村，城市支持农村。该模式注重农村人居环境的规划与整治，通过治理农村环境，如道路硬化、路灯亮化、村庄绿化、环境美化、改水、改厕、改厨、改房等措施，解决广大农村居民突出问题。

优点：对农村人居环境的整治与改善具有立竿见影的效果，大大改善乡村的落后面貌，满足农民的现实需要。

缺点：

① 农村人居环境的规划与整治只是新农村建设的部分目标。若将重点放在这些工作上，虽然对村庄建设有局部贡献，但对推动农村自身循环发展的贡献有限。

② 由于地方财政体系和部门的条块分割，受资源的有限性和公平性影响，还存在

公共资源投入的均质分配现象，在人财物等资源配置上存在"大锅饭"的倾向，造成农村建设在其持久性和资源利用的实际效果两方面都难以达到令人满意的效果。

模式二："换血式"农村建设模式——注重为农村引进新的经济增长点

"换血式"农村建设模式将新农村的建设重点放在为村庄带来新的产业发展模上式，希望通过引进高附加值的产业带动农村的发展。其突出产业有"反季节蔬菜种植""乡村旅游""村镇工业企业"等。

优点：为农村带来新的发展模式与经济增长点，为农村的建设发展提供更多可供选择的产业与发展方式，开拓广大农村居民的发展思路与眼界。

缺点：存在忽视自身产业优势和基础条件、盲目发展的现象。如受近年旅游热影响，在农村建设中信奉"旅游主导一切"的思想，不顾自身条件，盲目恢复一些深宅大院、园林、戏台、祠堂、寺庙等建筑，建设大量缺少历史与文化底蕴的仿古建筑。同时，为了旅游表演，举办大量"作秀式"的民风民俗表演，使得这些活动异化变质。

模式三："造血式"农村建设模式——注重对农村自有资源的开发与利用

"造血式"农村建设模式将农村建设与发展的重点放在农村自有资源的开发和利用上，通过因地制宜、全面认识农村的地域性与资源条件，分类指导，有的放矢地使用有限资源，使农村建设走上可持续发展的道路。

优点：

① 注重农村自有资源的开发与利用。通过对现有资源的开发与利用，不盲目、不盲从，"以我为主"，发挥自有资源，走适合本地域发展的道路。

② 强调发展的可持续性。在开发与利用自有优势资源的同时，不"涸泽而渔"，不破坏农村特有的生态与人文环境，走可持续性发展之路。

缺点：该发展模式受"均衡式"经济发展模式的影响，强调发展建设的"理性"，但是在建设发展的初期，往往由于自身经验的缺乏或者缺少外界支持等原因，造成其发展难以从"发展初期"阶段进入"发展起飞"阶段，从而影响自身的发展壮大。

以上3种模式概括了近年来农村建设的基本模式，一般认为第三种模式较好，宜成为农村发展的主要方式。笔者认为上述三种发展模式各有优势与劣势，应该结合村庄自身发展所处的环境及自身发展水平合理利用。对于双丰村的建设发展，笔者认为应该以第三种发展模式为主，同时合理利用前两种发展模式，充分发挥双丰村的优势。

2. 双丰村油车堰改造

形象定位："畅想山水田，寻梦油车堰"。

功能定位：尊重自然，融合城乡风貌，再造田居生活，塑造田园采摘休闲、产业观光及田园养老村落。

美丽乡村目标：通过提升景观风貌、发展特色产业、完善功能配套，建设六位一体的美丽乡村：山水优美、人文敦厚、经济富足、生活和美、村容洁净、村景秀美。

3. 双丰村精品改造目标

袁花镇双丰村希望通过"生态保育、文化植入、休闲引领"的措施来营造美丽乡村的形态，寻找山水优美、经济富足、村容洁净的山水田园，打造人文敦厚、村民生活和美、村景秀美的新农村风貌。

4. 双丰村景观改造内容（图4-49～图4-54）

图4-49 双丰村景观改造效果图（一）

图4-50 双丰村景观改造效果图（二）

图 4-51　双丰村村舍周边景观现状照片（一）

图 4-52　双丰村村舍周边景观现状照片（二）

图 4-53　双丰村村舍周边改造效果图（一）

图 4-54　双丰村村舍周边改造效果图（二）

第五章　乡村历史环境、传统保护规划设计

第一节　乡村历史环境保护规划设计

一、乡村历史环境保护发展过程

中国历经数十年的高速发展，城市和乡村都发生了翻天覆地的变化，环境保护逐渐成为全社会共同关注的焦点。乡村环境保护尤其重要，它不仅关系到农民的生活质量，还直接影响到城乡居民的食品与生态安全，以及国家的可持续发展。中国乡村有着深厚的环境保护的传统。在农业社会，人们依赖自然环境进行生产生活，因此非常重视对环境的保护和利用。例如，传统的农业耕作方式注重轮作休耕，以保持土壤肥力；乡村建设注重与自然环境的和谐共生，形成了独特的乡村风貌，这些传统智慧和做法对于今天的乡村环境保护仍然具有重要的借鉴意义。

随着现代化的推进，乡村环境面临前所未有的挑战。一方面，传统农业生产方式中过度使用农药和化肥，规模化的养殖场和工业污染等导致严重的环境污染问题。另一方面，在新农村建设和城镇化进程中，乡村的生产方式、生活方式和生态环境都发生了巨大变化，这给乡村环境保护带来了新的挑战。并且，一些乡村地区在追求经济发展的过程中忽视了对环境的保护，导致一些不可逆转的环境破坏。

为了应对这些挑战，国家和地方政府采取了一系列措施。在实践中，一些地区注重历史文脉和生态环境的保护。例如，江西省在打造美丽乡村的过程中，注重保持农村的历史脉络和风貌特色，通过保护和利用古村落等资源推动乡村旅游业的发展；浙江省在推进城乡环保统筹的过程中，重视农村环境保护基础性工作，加强农村污染防治法规体系建设；安徽省则通过开展生态示范县（区）、环保先进小城镇等评优活动，推动乡村环境面貌的改善。一些地区还积极探索乡村环境保护的创新方式和手段。例如，推广清洁能源和生态农业技术、划定畜禽养殖区、推广沼气工程等做法，在改善农业环境和保护人居环境方面取得了积极的成效。

二、当前乡村发展中的主要环境问题

1. 一些乡村难以统筹环境保护与经济发展

生产发展是新农村建设的核心，各地依托自身资源和特色产业推动经济发展。然而，部分农村如浙江省淳安县，受特殊区位和生态条件制约，大规模建设受限。淳安县内千岛湖为饮用水源保护区，发展受限且成本高昂，与周边地区差距逐渐扩大。

2. 乡村环保基础设施建设滞后

环保资金不足导致基层政府环保基础设施建设能力薄弱，农村环保滞后，污染治理设施运营成本高且管理不善。在环保工作领先的浙江省，示范村和整治村建设比例仅占全省村庄总数的25%，生活垃圾收集设施尚待完善。受限于县、乡、村的财力状况，农村环保设施，如污水处理、垃圾处理等推广难度大，甚至难以启动。经济条件较好的地区也面临环境治理的资金压力。因此，解决环保资金问题是提升农村环保基础设施建设和污染治理能力的关键，需探索有效的投融资机制和政策，确保农村环保工作取得实效。

3. 乡村旅游快速发展，环境管理急需规范

依托当地的自然生态、名胜古迹、风情民俗等资源，发展乡村旅游业已经成为许多村镇发展地方经济的重要途径。但同时，种种餐饮消费使乡村旅游餐饮服务过程中清洗宰杀家畜的废水、废弃物大量增多，增加了农村污染。近年来，"农家乐"这种新的旅游形式迅速发展，但对环境的破坏和污染也令人担忧：盖房搭棚，破坏植被、垃圾乱堆乱放、污水肆意横流。许多乡村旅游环境管理还处于散乱、不规范的状态。

4. 城市工业污染向乡村转移趋势加剧

近年来，随着现代化、城镇化进程的加快，城市人口规模的扩大，加上产业梯级转移和农村生产力布局调整的加速，越来越多的开发区、工业园区特别是化工园区在农村地区悄然兴起，造成城镇工业废水、生活污水和垃圾向农村地区转移的趋势进一步加剧，工业企业的废水、废气、废渣等"三废"超标排放已成为影响农村地区环境质量的主要因素。一些城郊地区已成为城市生活垃圾及工业废渣的堆放地。特别是乡镇工业企业布局分散、设备简陋、工艺落后，企业污染点多面广，难以监管和治理。

三、乡村环境保护、设计的政策建议

一是建立城乡统筹的环境保护管理机制。将农村环保纳入城乡统筹范畴，促进城市环保设施向农村的辐射。近郊村庄应纳入城镇处理网络；远郊村庄则应根据当地条件选择适合的治理模式。环保部门应加强对城乡结合部及远郊农村的环保工作，推动城乡环保一体化。

二是制定各级乡村环境保护规划。统筹城乡发展规划，将农村环保纳入城镇总体规划，以改善环境、优化经济、提高生态文明为核心，制定各级规划。国家层面应明确指导思想与目标方向，引导新农村建设健康发展。县、乡镇政府规划应与自然环境的和谐发展，强化环保内容。

三是加强乡村环境保护制度性基础工作。建立健全政策、法规、标准体系，将农村环保纳入政绩考核与政府决策范围。制定促进农业废弃物利用、有机食品发展等政策。加强环保机构的能力建设，确保工作经费到位，建立农村环境应急预警体系。

四是强化农村环境治理资金保障机制。由于农村环境整治工作量大，需多方共同参与，建立稳定投入渠道。加大财政转移支付力度，明确资金渠道与部门责任。制定优惠政策，鼓励乡镇企业进园集中治理。建立污染治理市场化机制，推动环保技术服务体系面向市场。

五是推广普及农村环保实用技术。因地制宜开发高效、低成本的污水、垃圾处理技术。加强技术服务指导，加快成果转化与推广，结合农业循环经济、清洁生产，实现农业废弃物的资源化利用。推广适合农村的清洁能源，如太阳能、沼气等。

六是加大农村环保宣传教育力度。农民既是受益者也是主力军，应加强指导、培训、宣传教育，引导农民形成健康文明的生产、生活、消费方式。在中小学开展环保教育，组织实践活动，树立环保理念。开展农民素质培训，鼓励他们参与新农村环境建设。

第二节 传统建筑物、风貌保护规划设计

一、传统风貌建筑的价值

针对我国乡村的实际情况来说，现阶段，我国的新农村建设工作和新农村发展规划还处于一种探索和实验的阶段，暂时还没有具备一种科学、系统的发展规划，有些地方往往是根据城市的发展情况进行模仿和追随，并没有形成一种具有新农村建设特色的发展规划。我国是一个具有数千年传统文化的大国，在历史和人文的发展中，产生了各式各样的传统文化，我们要予以改造及发扬，但是并不是要进行打碎重组。如果新农村建设最终状况是农村之中多了一些钢筋建筑，而少了传统风貌，那么势必会令人痛心疾首。而传统风貌就是在较早的建筑类型中展现的对地区内政治、经济、文化、宗教及民俗的直观反映，如果不对其进行改造发展，很容易导致这种反映形式的消亡；同时，传统建筑能够很好地反映我们的传统文化，在进行新农村建设中要对其进行保护开发，才能更好地反映人与自然和谐相处的理念，同时也有利于社会主义科

学发展观的实践。

二、传统风貌建筑的保护及利用策略

1. 抓住重点，根据实际情况制定相应的措施。传统风貌建筑指的是地方特色与传统文化相结合的衍生物。所以对传统风貌进行宣传和发扬有利于地区的文化发展和社会稳定，尤其是地区的文化形态在新型社会影响下而有所改变的情况下，必须要坚持对传统风貌建筑的保护和发展。要对地方政府进行引导，首先要将乡村建设工作与传统风貌建筑保护工作结合在一起，制定一个稳妥有效的发展策略，不仅要将传统风貌建筑保护工作包含在发展规划中，同时要将乡村建设发展与整体社会发展相结合，按传统风貌建筑的类别实施分类保护，形成一个由政府主导、社会全面参与的保护机制。

2. 对传统风貌建筑资源进行开发利用。社会的发展进程不断加快，对于传统风貌建筑的保护已经不能只停留在全程保护、不予接触的状态下，所以就需要不断改变保护模式，实现传统建筑的更多价值。所以针对这种情况，我们要结合传统建筑的特点去进行更多角度的开发。首先在保持其基本状态不变的基础上，对其进行保护开发，设立文化旅游景点，对公众予以开放，接纳人们的参观和研究，这样不仅有利于实现传统建筑的价值，同时可以起到传播当地传统文化的效果。利用这种方式可以将传统风貌建筑更好地融入现代社会的发展中，有利于新型乡村的建设，对于新农村的经济发展起到促进作用。

三、乡村建设中，保护和利用传统风貌建筑的措施

1. 完善地方政策法规。

对于乡村建设工作，党中央和国务院已经出台了相关的建设政策。在实际的乡村管理和建设中，要依据建设方案对地方政策法规进行不断的完善和补充，不断提高乡村的管理力度，依据乡村自身的实际情况对其进行管理和规划建设。

在具体的实施工作中，可以将重点的传统风貌建筑进行保护开发。可以制定一定的保护策略：在传统风貌重点保护区，禁止改建、拆建以及新建等活动，对于违反保护策略的居民进行一定的追责和处罚；将乡村的传统风貌保护和利用的范围及时公布，确保保护工作落到实处。

2. 针对乡村建设中的传统风貌建筑保护工作，需要加大资金投入来予以实施。

传统的乡村经济发展往往较为落后，需要借助政府的资金支持来进行传统风貌建筑的保护发展。政府一方面要有计划地增加资金支持，保证传统风貌建筑保护工作有序发展；另一方面，地方政府要积极开创多渠道的资金筹集方式，建立起"政府主导、社会参与"的资金筹措机制，让社会中的资金投入传统风貌建筑保护工作中。政府要

起到引导作用，借助自身的影响力，加大宣传，增强对传统风貌建筑所在地区的扶持力度。

3. 以传统风貌建筑为中心，发展旅游。

对于一些独具特色的传统风貌建筑，可以做好宣传工作，让更多的人了解其文化历史。政府要鼓励居民利用好传统风貌，设立传统风貌建筑旅行街，增强其影响力。在乡村旅游基地中，恢复对具有传统特色的商业行为的奖励制度，鼓励居民对传统风貌建筑的开发利用，从而扩大传统风貌建筑的价值。

第三节 历史文化传承规划设计实例：东林镇泉益村美丽乡村精品村

一、泉益村的历史

20 世纪 80 年代以前，水运时代，泉益村依托泉家潭码头，村庄建设主要集中在泉家潭一带。20 世纪八九十年代，当地人出行脱离水运，村庄向西发展。当时村民生活习惯（如洗衣服、洗菜等）离不开水，依旧保持着依水而居的生活习惯，因此搬至水系发达的荡湾里一带。2000 年以后，随着自来水的普及，村民生活方式开始改变。村庄沿着泉庆公路发展，公路北侧建设了新村，南侧建设了公建设施（图 5-1）。

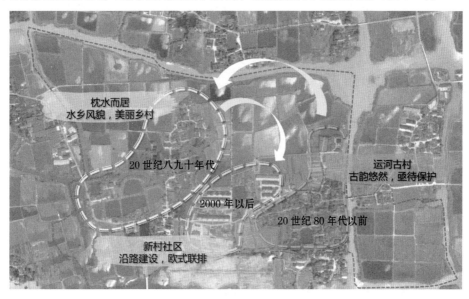

图 5-1　泉益历史沿革图

20 世纪 80 年代以前，泉益村的泉家潭曾是杭湖锡航道上重要的码头之一，小小的码头连接着大城市。当时附近几个乡的村民去湖州和杭州等城市均需从泉家潭坐"杭班"前往。

村庄因水而兴，早年的码头带来了小村的繁华和热闹，形成了"水—路—房"的格局。沿河商铺林立，形成了一条老街，有面馆、茶馆、理发店，还有两家门市部和一家卫生院。荻港村曾有"小湖州"之称，而泉家潭则有"小荻港"之称，体现了湖州水乡的特色空间布局。

"水—路—房"的格局一直保留至今，昔日热闹的老街至今还保留着面馆、理发店等几家店铺。如今泉家潭很多建筑依旧保持着传统水乡民居的特色风貌。

2017 年 9 月 30 日，浙江省建设厅、省文化厅、省文物局、省财政厅联合发文，决定将杭州市萧山区衙前镇凤凰村等 636 个村落列入省级传统村落名录。泉益村是东林镇唯一一个入选该名单的村落，具有较大的保护与利用价值。

传统技艺——东林柳编。《嘉庆·德清县志》记载："钱家潭出杨条，均挺柔韧，制笆斗栲栳销于远处。"东林的柳编已经有 300 多年的历史。20 世纪 60 年代就出口国外，当年做得最好最大的柳编当属以钱家潭为中心的吴兴区东林泉庆、泉益、泉心一带。100 多名女工在柳编厂里同时开工，有的编制栲栳，有的做成笆斗，有的制成苍蝇罩……男人们则跑船运，负责将这些柳编送到杭州、上海等地，村子里老老少少、男男女女都以柳编为生。东林柳编已入选第五批浙江省非物质文化遗产代表性项目名录。为传承这项非物质文化遗产，东林镇开设柳编课程，发扬柳编文化。其他还有能引起"乡愁"的食物：冬至的圆子；立夏的乌米饭、咸鸭蛋；清明的青团、羊眼豆粽子；烘熏豆、打年糕、鱼汤饭、做鱼圆、晒鱼干……这些传统美食亦在逐渐淡出现代生活。

二、发展定位规划

打造以"水文化"为核心的泉益美丽水乡，尽显泉益水乡的自然形态之美、历史文化之美、生产生活之美，还原一个"传承童年记忆"的原真水乡——乡野农趣·水乡泉益。将泉益村打造成以"水乡观光、民俗体验、农耕休闲、乡村怀旧"为一体的乡村旅游目的地。

本规划设计结合国家乡村振兴战略，紧紧围绕乡村振兴发展路径的两大重点和四大关键展开。两大重点：一是产业培育，激发乡村活力；二是文化传承，彰显地域特色。四大关键：一是原乡环境提升，推进乡村绿色发展；二是精品项目示范，提升农业发展质量；三是村落个性发展，留得住乡愁、看得见发展；四是扶贫富民兴业，提高农村民生保障水平。

三、产业策划设计

产业定位：以水文化产业为核心的创意农业。产业策略：以一产为本，以三产为导向，形成多种农民增收路径。

策略一：加强柳编产业发展，探索经营模式。种植柳编原材料柳条，打造东林柳编品牌，探索农村合作社的经营模式，提高农民抵御风险能力。

策略二：提升一产品质，提高产品附加值。由种植普通农作物转向种植有机作物，申请有关部门认证，打造有机作物品牌，鼓励稻虾混养、稻蟹混养、稻鱼混养等模式，在土地资源有限的情况下实现农民增收。

策略三：延伸三产链条，向创意化发展。依托现有生态资源、人文资源和特色产业基础，以创意服务业为导向，形成特色旅游产业，拓宽农民增收途径。

将一产发展与三产对接，延伸以柳编产业、鱼文化、传统农耕文化为特色的产业链（图5-2）。

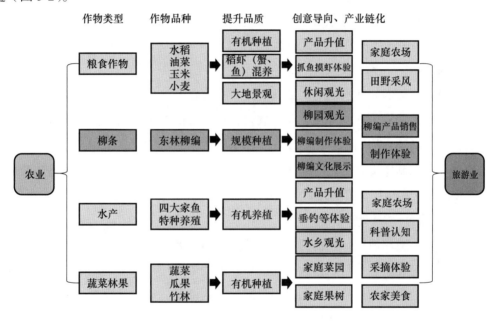

图5-2 产业定位及策略

因地制宜，从地形地貌、地质、建设状况、空间特征等方面对规划范围进行产业布局的潜力分析：丰富的水塘空间，形成具有体验农趣、水乡观光功能的发展潜力；村落肌理自然错落，内部水系丰富，宜设计具有综合功能的传统水乡文化特色村落；连续的田地空间形成一望无际的田野风光，具有向创意农业和有机农业发展的潜力；传统村落宜开发成有怀旧体验水乡。打造"两片、一环、多节点、方形骨架"的旅游空间产业布局。

四、"慢生活"——水乡休闲度假区规划设计

紧紧围绕"乡野农趣·水乡泉益"的主题形象，深层次、多角度地挖掘水乡文化、

传统文化、民俗文化等文化内涵，丰富餐饮、住宿、休闲娱乐等旅游业态，营造创意农业景观，开展趣味农事体验活动，打造荡湾里"慢生活"水乡休闲度假区。

1. 改造项目规划设计

在荡湾里现有基础上，通过建筑立面的整治、水乡特色小品的塑造、美丽庭院的建设，对荡湾里村庄环境进行提升。同时，进一步对荡湾里进行景区化改造，塑造"小桥流水人家"、风车粮仓、树屋吊桥、静谧小岛等水乡特色景点。

在此基础上，利用村集体以及全域整治腾出的房子，植入新的业态，将传统的老房子改造成水乡民宿、乡村食堂、柳编教室、茶室、咖啡馆等。

1）改造项目——怀旧民宿

以"追寻童趣记忆，拾忆少时乡情"为理念，结合荡湾里的静谧环境，打造怀旧主题民宿。独门独院的乡宅院落，充满童年回忆的八仙桌、铜炉、蚊帐钩、自行车、木柜、老灶台……让人们仿佛回到童年岁月。

2）改造项目——乡村大食堂

将荡湾里北部四面环水的老房子改造成乡村大食堂。体验者亲手把菜地里的新鲜蔬菜采摘回来，做成美味的佳肴，体验农村自给自足的悠闲生活。食堂还可开展传统美食制作体验活动，清明做青团、端午包粽子、中秋做月饼、冬至做圆子、年底打年糕做鱼圆……在制作美食的同时恢复立夏称重、挂艾草等传统民俗，在这些体验中了解中国传统节庆和传统美食文化。

3）改造项目——柳编教室

传承非物质文化遗产，将荡湾里公园北侧的临水老房子改造成柳编教室，在展示柳编作品的同时让游客参与到柳编作品的制作过程中，让东林柳编这门老手艺得以传播和延续。其他丰富的传统手工制作项目同样深入课堂，端午的香囊、油菜壳做的剪刀、用火柴盒子和筷子制作的枪、木头滑板车……无不勾起满满的童年回忆。

2. 新建项目规划设计

进一步完善泉益村旅游产业配套设施，在社区服务中心东侧新建集餐饮、住宿、娱乐、休闲为一体的商业综合体。利用全域整治规划预留的产业配套用地新建水乡特色农庄。

利用全域整治规划预留的产业配套用地新建水乡特色农庄，设置水上餐厅、露天剧场、风情街、水上乐园4个功能区。利用水塘水面设计看似漂浮于水面的水上餐厅，让游客品尝特色湖鲜美食。水上餐厅北侧打造圆形露天剧场，白天人们可以在环形长廊下烧烤，享受美食。晚上可放映《黑猫警长》《美猴王》《葫芦娃》等国产老动画片，打造一趟绵延数十年的"时光之旅"，让孩子跟"80后""90后"父母一起回忆经典；或举行篝火晚会，重现与"80后""90"后共同成长的"老游戏"——跳皮筋、跳房子、斗鸡、老鹰捉小鸡等，一起共度美好时光。东边为风情街，游客可在这里购买正宗的农家土特产、特色小吃、传统美食以及柳编等工艺品；南侧水面打造水上乐园，设置电动船、手摇船、水上滚球等活动项目。

3. 周边产业用地改造规划设计

对荡湾里周边水塘、水田进行改造，打造"欢乐稻田""鱼趣乐园""醉漾轻舟"3个板块。

1）周边产业用地改造——欢乐稻田

结合土地开发项目将荡湾里北部水田进行扩大，结合柳编文化，在北部水田种植柳树，打造柳编文化园。园内用柳条编织成各种卡通动物造型进行布置美化，打造富有趣味的文化景观。南部水田鼓励村民种植水稻、油菜等季节性作物，保证田园四季有彩、常年皆绿，打造农业大地景观。春天，油菜花开，可登上瞭望塔观赏水乡田园风光，组织举行摄影比赛，游客不仅能留下美好的瞬间，还可体验比赛的乐趣；夏天，采用稻虾混养、稻蟹混养、稻鱼混养等模式，不仅可以一水双丰收，还可以开展摸鱼抓虾等体验活动；秋天，稻子熟了，打造稻田迷宫，让游客探索稻田迷宫的出路，充满乐趣。亦可开展稻田写生、制作稻草人等活动，进行堆草垛、制作传统蜈蚣草比赛等。

2）周边产业用地改造——鱼趣乐园

对荡湾里西南部水塘空间进行改造，增加针对青少年的体验性旅游项目。可将该空间改造成水塘滑梯、树林泳池，增加水车等传统设施，打造亲子游乐的活动场所。开展垂钓、摸鱼抓虾、摸螺蛳、抓泥鳅、挖莲藕、采菱角等娱乐项目。同时结合水乡渔文化，让游客体验自己织网等具有传统特色的活动。

3）周边产业用地改造——醉漾轻舟

取宋代诗人秦观"醉漾轻舟，信流引到花深处"的世外桃源意境，利用荡湾里和新村之间自然又充满野趣的河流，在其沿岸种植桃花等植物。游客划船在小河中间，可以乘坐咿咿呀呀的摇橹船，也可以乘坐轰隆轰隆的挂桨船。两岸桃花随风而动，营造陶渊明笔下世外桃源般的美好意境。

五、远期："怀古韵"——乡愁记忆体验区规划设计

随着全域整治工作的推进，采用"人走屋留"的形式，逐步腾空泉家潭的农房，对泉家潭进行整体开发。以"乡愁记忆"为主题，深度挖掘东林柳编文化、古码头文化、鱼文化、传统水乡文化等内涵，植入文化展示、特色餐饮、主题住宿、特产购物、休闲娱乐等业态。提升古村落滨水环境，打造梦幻夜景观，使其成为满足游客与当地居民的水乡风情体验地。

恢复泉家潭老轮船码头，将其设计成绽放于水上的民俗舞台，水上可移动的船只作为看台，定期举行民俗演出活动，展现水乡传统民俗文化。

对 20 世纪六七十年代的柳编厂厂房进行改造，打造"东林柳编文化展示馆"，向游客展示 300 多年的柳编文化，游客可以现场观看柳编的制作过程，亦可参与其中。

对曾经的鱼市部进行改造，打造成渔文化展示馆，结合 VR、投影等技术，还原古时渔民悠闲的生活场景。向游客展示秧凳、鱼篓、搬网、网兜、菱桶、下水裤等传统渔具，并在展示馆门前的小河网箱里养殖青鱼、草鱼、鲢鱼、鳙鱼四大家鱼，展现江南水乡渔文化的多元魅力。

定制老"杭班"船只，打造"杭班"茶馆，停靠在泉家潭码头，并恢复曾经码头的船票售票处，带领游客重现三四十年前泉家潭码头乘坐"杭班"的场景。

同时，利用网红爆鱼面馆等本地美食吸引游客，植入新业态，重新唤醒泉家潭老轮船码头，使其恢复昔日的繁华场景。让人们在这里记住乡愁、看见乡愁、书写乡愁。

六、文化传承规划设计

规划一：以尊重当地原有文化脉络和空间肌理为前提，确保乡村风貌的原真性，实现保护与改造的和谐统一。

尊重村庄从民居选址、空间布局到道路形成的肌理文脉，在对乡村人居环境进行提升改善的过程中，不对村庄的整体风貌进行改变，保留村民原本的生活方式，确保保护与改造相协调。为传承传统文化的脉络，建筑外立面保留水乡的粉墙黛瓦，新建建筑采用马头墙、茅草棚等形式，不仅传承历史文化脉络，更保存了乡村风貌的原真性，以及建筑与环境浑然一体的协调性。

规划二：以彰显乡村文化内涵为重点，通过空间和项目的体验展示当地柳编文化（柳编文化园、柳编教室、柳编文化展示馆）、渔文化（水乡特色渔庄、渔文化展示馆）、美食文化（乡村大食堂）和水乡文化（"杭班"茶室、泉家潭老轮船码头）。将这种传统文化融入特色空间节点的保护、改造以及项目的打造，通过提升空间的体验品质和项目的参与性来彰显当地的文化内涵。

第六章　乡村住宅规划设计

第一节　乡村住宅外立面选型规划设计

实际上，住宅的外观就是住宅体型与立面的表现。住宅的美观问题，不但在房屋外部形象和内部空间处理中表现出来，又涉及建筑群体的布局，还和建筑细部设计有关。其中房屋的外部形象和内部空间处理，是单体住宅要考虑的美观问题的主要内容。

一、对住宅外部形象设计的要求

（1）住宅的外部形象要反映住宅类型的特征。

住宅的外部形象要反映住宅类型内部矛盾空间的组合特点，不能脱离功能要求，片面追求外部形象的美观，也就是不能违反适用、经济、美观三者辩证的关系。

（2）结合材料性能、结构构造和施工技术特点。

（3）根据建筑标准及开发成本等经济指标。

（4）适应基地环境和建筑群体形象。

（5）符合住宅造型和立面构造的规律。

二、住宅体型的组合

住宅体型确立的主要依据是内部空间的组合方式，主要反映住宅总体量的大小、组合方式和比例尺度等，对住宅外形的总体效果具有重要影响。根据住宅规模大小、功能要求特点以及基地条件的不同，建筑物的体型有的比较简单，有的比较复杂，住宅建筑以体型组合方式来区分，大体上可以归纳为对称和不对称两类。

对称的体型有明确的中轴线，建筑物各部分组合体的主从关系分明，形体比较完整，具有端正、庄严之感。我国古典建筑较多采用对称体型，近现代的一些纪念性建筑和大型会堂等，为了使建筑物显得庄严、完整，也常采用这种类型。

不对称体型的特点是布局比较灵活自由，对功能关系复杂或不规则的基地形状较能适应。不对称的体型容易使建筑物取得舒展、活泼的造型效果，不少医院、疗养院、园林建筑等常采用这种类型。

建筑体型组合的造型要求，主要有以下几点：

1. 完整均衡、比例恰当

对称的体型通常比较容易达到要求。而较为复杂的不对称体型，为了达到完整的要求，需要注意各组成部分体量的大小比例关系，使各部分的组合协调一致、有机联系，在不对称中取得平衡。

2. 主次分明，交接明确

建筑体型的组合，还需要处理好各组成部分的连接关系，尽可能做到主次分明，交接明确。建筑物有几个形体组合时，应突出主要形体。通常可以采取各部分体量之间的大小、高低、宽窄、形状的对比以及突出入口等手法来强调主体部分。

各组合体之间的连接方式主要有 2 种：①几个简单形体的直接或咬接；②以廊或连接体连接。形体之间的连接方式和房屋的结构构造布置、地区的气候条件、地震烈度以及基本环境的关系相当密切。

3. 体型简洁、环境协调

简洁的建筑体型易于取得完整统一的造型效果，同时在结构布置和构造施工方面也比较经济合理。

建筑物的体型还需要注意与周围建筑、道路相互配合，考虑和地形、绿化等基地环境的协调一致，使建筑物在基地环境中显得完整统一、配置得当。

第二节　乡村住宅平面功能布局设计

一、动静分区

动静分区即是将户内公共活动空间（如客厅、餐厅、厨房、次卫等）与要求安静的空间（卧室、书房、主卫等）适当分开，以避免相互干扰，动线（动线是指人们在户内活动的路线）相互不干扰。动静分区的优势一方面在于使会客、娱乐或者做家务的人能够放心活动，另一方面也不会过多打扰休息、学习的人，这就使得住宅功能设计更加合理，居住者更舒适方便。

户内动线主要有 3 种，分别是居住动线、家务动线、来客动线。良好的动线是指从入户门进客厅、卧室、厨房的 3 条线不会交叉。

二、公私分区

人们对房屋户型有私密性的要求，要适当保护其隐私。公私分区主要是指私人空间和外界分开，所以在入户门或玄关处要进行遮挡。卧室及卫生间等私人场所应与客厅及餐厅等公共活动区域分开。

（1）在人们从入户门外向户内望去时，玄关处应当有所遮挡，避免门外的人对屋内景象一览无余。

（2）户型内部客厅、餐厅等公共活动空间与卧室等较为私密的空间要有视觉上的遮挡。

（3）卧室门不宜直接开在客厅墙壁上，导致私密空间无遮挡。

（4）户型的进深与开间之比合理，一般为 1∶1.5 较好。

（5）卧室与客厅、餐厅保持一定距离及角度，能有效保证业主休息、工作、生活的空间私密性。

（6）私密与公共空间设计同样遵循动静分区的设计，动线不相互干扰、重合。

三、排水设计

1. 厨房排水管道的设置

厨房洗涤池排水支管可直接在楼板上接入排水立管。而对于厨房是否设地漏，目前还存在较大争议，建议厨房内不设地漏。现代生活中厨房地面一般已很少用水冲洗，少量的溅水用拖布就可完成地面的清洁。厨房地漏由于长时间无水补充，水封内存的水蒸发后，臭气反而容易由地漏进入室内。同时，不设地漏还可避免地漏排水支管进入下层户内空间。

2. 卫生间排水管道的设置

新设计的住宅应致力于取消伸入下层住户空间的排水横管，具体做法有：

（1）使卫生间地板面下沉，管道敷设在填渣层中。

（2）使卫生间地板面不下沉，而使用 P 形坐便器（后出口式），使得下水管在本层与立管衔接。地漏采用侧壁式，洗脸盆、浴缸等排水管也在地面以上敷设，与立管衔接。这两种做法均可以使下水管道每层水平分隔开，若需要检修可以独户进行，不影响邻居。

（3）地漏与存水弯的配合问题。传统钟罩式地漏的水封容易挥发，常常造成下水道异味，排水口溢出的液体容易进入室内，形成室内污染。所以在给排水设计中，必须重视这个问题。

四、房屋布局设计

1. 布局以开放式为主

考量通风及采光，设计师建议格局采用开放式或半开放式，不仅对视觉来说有放大效果，少了水泥墙的阻挡，还使光源和空气更能流通穿透。

开放式客厅打通整个墙壁连接庭院，使庭院与客厅连为一体，也使设计与自然融为一体，视觉与身心体验更为开阔。

客厅与餐厅之间采用开放式设计，而且餐厅正对阳台，在采光与通风方面无须担心。

2. 落地窗通风、采光效果佳

第三节　乡村住宅周边市政环境规划设计

一、景观规划设计原则

1. 地域特色原则

乡村是我国最为常见的一种社会聚居形式，会因为地理特征以及民族差异形成各具特色的文化。这样在进行美丽乡村规划设计时，需要遵循地域特色原则，通过合理的分析规划，从当地文化中汲取精华，建设出独特的乡村文化。这样不仅能够与其他乡村景观区分开，同时也能更加获取当地居民的认同。景观设计为美丽乡村建设必不可少的部分，应多选择本地特色植物与农作物，根据合理的区域划分，形成不同的景色块，既能保持原有的生态特点，又可以代表乡村文化，充分体现乡村文化素养。

2. 生态保护原则

进行景观环境规划，很大程度上需要在现有生态环境基础上进行相应的调整，来满足景观建设要求。而生态环境与人们生活有着密切的联系，虽然与城市建设相比，在发展过程中乡村一直对环境影响比较小，但是为了更好地保护环境不受到破坏，还需要遵循生态保护原则。生态景观的规划设计，应在不影响环境正常发展的基础上，采取各类措施进行有效规划，利用不同生态元素，来组成具有特色的景观环境。

3. 可持续性原则

乡村是社会构成的主要部分，也是国民经济发展的要点，长久以来因受经济、技术以及理念等因素限制，大部分资源采取粗放型开发与利用方式，很大程度上削弱了其中所存有的价值。我国对农村经济粗放开发提供了一定技术支持，但是从长久发展角度分析，想要实现乡村环境持续有效的发展，还需要调整发展策略，充分发挥各类资源所具有的效益。景观规划设计作为乡村建设的一部分，也应遵循可持续性原则，政府应做好宣传工作，帮助当地老百姓转变老旧思想，认识到资源可持续性发展的必要性。以此作为基础，改变对自然环境以及各类资源处理的方法态度，提高资源开发的技术性，贯彻落实人与自然和谐发展理念，为美丽乡村建设打好基础。

二、美丽乡村景观规划设计实施策略

1. 确定规划目标

要综合分析构成乡村环境的人居、生态、经济以及文化 4 个方面，无论采用何种规划方式，均需要保证 4 个方面维持有效的平衡性。美丽乡村景观规划设计，要以设计学为依据，对乡村景观各要素进行特征分析与评价，充分挖掘其经济价值，建立特色文化景观。在保护生态环境的同时，开发新型产业，促进人与环境间的协调发展。

2. 规划应注意的问题

第一，盲目仿效。乡村景观规划与城市存在很大的差异，现在乡村居民对生活环境以及居住条件有着更高的要求，但是农村的技术、经济等并不完善，缺乏对生态环境有效处理的正确指导，如果盲目仿效城市景观设计方法，必定不会获得良好效果。

第二，急功近利。现在美丽乡村景观规划设计已经成为新农村建设的要点，但是因为相关监督管理部门专业指导不足，对存在的问题监督管理不到位，再加上竞争压力，在建设过程中出现了盲目攀比、跟风的情况，过分注重短期效果，忽视还需长期发展必要性，从而影响规划效果。

3. 景观规划要点

1）宜居性设计

从居民点景观、乡村道路景观以及乡村水系景观 3 个方面分析，提高乡村宜居性。

第一，乡村居民点是多以农业经济活动为主形成的聚落，浙江处于江南地区，乡村景观特征明显，居民点以带状、团状、梯状等形式为主，在进行景观规划时，要保护好传统乡村建筑，如老街古巷、雕花木屋等，搭配周围生态展现当地自然、社会与文化背景。

第二，在原有乡村道路基本骨架上进行规划，结合村落布局结构，因地制宜、主次分明地规划路网，遵循安全、经济原则，实现景观与功能的融合。为提高景观效果，可以对路面材质、道路绿化、道路附属物等进行综合分析与搭配。

第三，水系景观。浙江农村水系发达，为景观规划设计的要点，对存在的水塘进行绿化，选择乡村树种搭配地形、道路与水岸线进行种植，形成自然生态植物群落。同时控制水面植物密度，一般应控制在水面的三分之一。

2）宜业性设计

主要就是利用农田作为主要设计对象，利用其肌理、色彩、序列，在满足农业发展的同时，形成独特的景观环境。结合地形特点，对于高低不平、纵横交错的农田种植对应的作物，例如梯田，即在保持农田原貌基础上，进行现代景观设计与保护，提倡自然生态美。而色彩塑造也是农田景观美学形象设计的要点，利用不同作物在不同季节所呈现出的颜色，通过合理的搭配形成不同景观美学形象。

第四节　乡村住宅规划设计实例：丁山河村拆迁农居安置点市政配套工程

乡村住宅局部展示详见图6-1～图6-3。

图6-1　丁山河村拆迁农居安置点滨水透视图

图6-2　丁山河村拆迁农居安置点沿路透视图

图 6-3　丁山河村拆迁农居安置点庭院透视图

一、建筑

1. 设计依据及设计要求

（1）本设计遵照国家有关规范和标准

《民用建筑设计统一标准》（GB 50352—2019）；

《建筑设计防火规范》（2018 年版）（GB 50016—2014）；

《住宅设计规范》（GB 50096—2011）；

《住宅建筑规范》（GB 50368—2005）；

《汽车库、修车库、停车场设计防火规范》（GB 50067—2014）；

《无障碍设计规范》（GB 50763—2012）；

其他有关规范及标准。

（2）本工程建筑为低层住宅建筑及多层公共建筑。建筑耐火等级：二级。抗震设防烈度：6 度。

2. 平面设计

居住区中住宅是建筑设计的主体，住宅单体平面设计应创造合理、健康、灵活、舒适、安全、个性化和符合审美要求的居住空间。住宅户型需要根据不同目标、客户群体进行不同的户型设计，这是住宅设计"以人为本"的基础。住宅不仅是人们生活起居的场所，同时也是人类精神生活的一种载体。"人性化""个性化"空间需求已逐渐成为一种时尚，各种空间的住宅设计也越来越多地被人们所接受。

本小区内户型设计与"杭派民居"组团院落式的布置密不可分。因组团院落内部均为人行系统，车行在外围，则户型设计分类为宅内南进车户型和北进车户型两种。根据不同组团院落空间中住宅组团的多样化，户型设计又可分为大进深、小面宽户型和小进深、大面宽户型。故本户型设计为 4 种户型。

本小区内户型占地均为 125m²，高度 3 层，建筑单体轮廓简洁明快，利于结构与采光。

（1）"四明"设计，提出以明厨、明卫、明厅、明卧"四明"为主的格局，同时兼顾舒适性、经济性、安全性和整体性。每户具有良好的通风、采光、观景的要求。

（2）合理安排户型结构，户型布局合理，追求空间序列，体现现代户型特点。设计上考虑功能布置的灵活性，适应变化的需要。

（3）各类管道及管井安排合理，水电管井集中设置，避免管线明露。

（4）结合立面造型，预留空调室外机位置。

（5）所有房间保证足够的窗地比。

（6）合理做到"动静"分区、"净污"分区。

（7）引入"生态建筑"设计手法，采光通风良好，尽量采用"自然与人的结合"。

（8）考虑今后"民宿"产业的引入，增加住宅内部卫生间的布置。

3. 立面设计

粉墙黛瓦、天人合一：建筑形态结合本地的风土人情，继承传统"杭派民居"建筑的立面造型，提炼营造出了一种清新、典雅、精致而又有新意的"杭派民居"建筑风格。外立面色彩基调为清淡素雅，清一色的白墙、灰砖、黑瓦，配合绛红色的硬木作为室外的雕饰，互相衬托，构成和谐的节奏，给建筑外观带来韵律之美。

江浙拥有丰富的地方建材资源，如木材、毛竹、石料、砖瓦等，本方案从用材到建筑装修用料均为就地取材。住宅底边外墙为砖砌，防潮且耐脏，上部为白色涂料粉墙，墙头用暗灰色线脚压顶，屋面以板瓦盖顶。门窗的框筒及花窗多以青灰色的砖细做成，门、窗略分深浅地漆成棕色，扶手栏杆用绛红色。这种粉墙黛瓦的色调使建筑与环境相互融合，相得益彰。

4. 剖面设计

地块内每户住宅均为 3 层，室内外高差 0.45m，一层的层高 3.3m，二三层的层高 3m，建筑檐口高度低于 10m，总高度低于 13m。

附技术图纸详见图 6-4 ～图 6-11。

图 6-4　丁山河村拆迁农居安置点户型 A 效果图

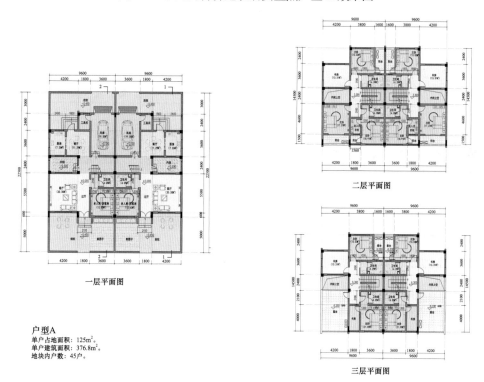

户型A
单户占地面积：125m²。
单户建筑面积：376.8m²。
地块内户数：45户。

图 6-5　丁山河村拆迁农居安置点户型 A 平面图

图 6-6 丁山河村拆迁农居安置点户型 B 效果图

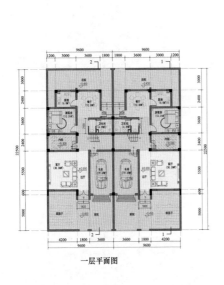

一层平面图

户型B
单户占地面积：125m²。
单户建筑面积：371.0m²。
地块内户数：5户。

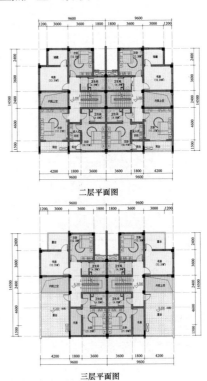

二层平面图

三层平面图

图 6-7 丁山河村拆迁农居安置点户型 B 平面图

图 6-8 丁山河村拆迁农居安置点户型 C 效果图

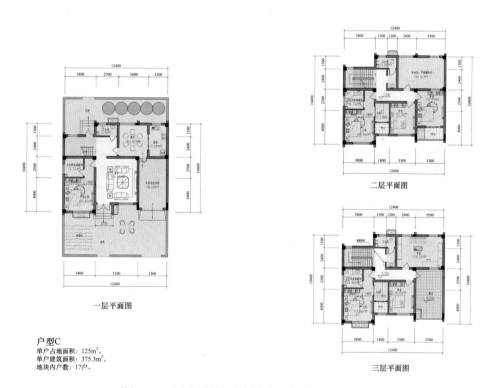

一层平面图

二层平面图

三层平面图

户型C
单户占地面积：125m²。
单户建筑面积：375.3m²。
地块内户数：17户。

图 6-9 丁山河村拆迁农居安置点户型 C 平面图

图6-10 丁山河村拆迁农居安置点户型D效果图

户型D
单户占地面积：125m²。
单户建筑面积：378.1m²。
地块内户数：13户。

图6-11 丁山河村拆迁农居安置点户型D平面图

5. 节能设计

1）设计依据

《民用建筑热工设计规范》（GB 50176—2016）；

《夏热冬冷地区居住建筑节能设计标准》（JGJ 134—2010）；

《浙江省民用建筑节能设计技术管理若干规定》（建设发〔2009〕218 号）；

《民用建筑外保温系统及外墙装饰防火暂行规定》（公通字〔2009〕46 号）；

其他有关规范及标准。

2）建筑设计

（1）建筑体形简洁方正，利于节能。

（2）屋面保温采用 65mm 厚挤塑聚苯板。

（3）墙体保温：外墙采用 240mm 厚蒸压加气混凝土砌块，35mm 厚挤塑聚苯板；内墙（分户墙）采用蒸压加气混凝土砌块自保温。

（4）门窗节能：窗保温隔热，采用断热铝合金中空玻璃；外门采用多功能户门。

建筑物 1 ～ 3 层的外窗及阳台门的气密性等级，不应低于该项目施工时的国家标准《建筑外门窗气密、水密、抗风压性能分级及检测方法》（GB/T 7106—2008）规定的 4 级；采用彩色断热铝合金推拉（平开）门、窗，住宅玻璃根据不同朝向的节能指标采用相应中空白玻璃。

3）暖通设计

（1）围护结构传热系数均符合节能标准的要求。

（2）各建筑物设置空调室外机专用安放位置，可根据用户需要自行安装分体空调。空调设计室内温度夏季、冬季分别为 26℃、18℃。空调器应选用符合现行国家标准的节能型空调器。

（3）建筑物的楼梯间、前室等处均采用可开启的外窗或与室外直接相通的阳台、走廊自然采光通风。

4）电气节能

（1）供配电系统的节能

对容量较大、负载稳定且长期运行的功率因数较低的用电设备采用并联电容器就地补偿。对谐波电流较严重的非线性负荷，无功功率补偿考虑谐波的影响，采取抑制谐波的措施。

（2）电气照明的节能

① 本工程照明设计符合《建筑照明设计标准》（GB 50034—2013）中规定的照度标准、照明均匀度、统一眩光值 UGR、色温、显色指数 Ra、照明功率密度（简称 LPD）、效率 η 等相关要求。照明系统 LPD 值 / 照度值及选用光源等见表 6-1。

表 6-1　照明系统的 LPD 值及选用光源

场　所	照度标准值	光源及灯具	负荷密度（W/m²）	控制方式
门厅	300lx	吊灯、筒灯	≤ 11	集中控制
卧室	75lx	荧光灯	≤ 6	就地控制
厨房	100lx	荧光灯	≤ 6	集中控制
卫生间	100lx	节能筒灯	≤ 6	集中控制
配套用房	300lx	节能筒灯	≤ 10	就地控制

② 本工程照明设计采用高光效光源，荧光灯具采用 T5 或 T8 三基色荧光灯管及紧凑型三基色节能荧光灯。在满足眩光限制的条件下，优先选用效率高的灯具以及开敞式直接照明灯具，详见表 6-2、表 6-3。

表 6-2　直管形荧光灯灯具的效率表

灯具出光口形式	开敞式	保护罩（玻璃或塑料）		格　栅
		透　明	磨砂、棱镜	
灯具效率（%）	75	70	55	65

表 6-3　紧凑型荧光灯灯具的效率表

灯具出光口形式	开敞式	保护罩	格　栅
灯具效率（%）	55	50	45

③ 设计在满足灯具最低允许安装高度及美观要求的前提下，已尽可能降低灯具的安装高度，以节约电能。

④ 本工程荧光灯采用电子型或节能型镇流器，所有镇流器必须符合该产品的国家能效标准，其他类型节能灯采用电子型。

⑤ 根据建筑物的特点、性质、功能、标准、使用要求等具体情况，对照明系统进行经济实用、合理有效的节能控制设计。

（3）建筑物功能照明的控制

所有区域自动控制的灯具皆通过回路接线可分别开启 1/2、1/3、1/4 的照明灯具，达到根据使用要求分级调节照度的目的。

卧室等小房间采用墙壁开关面板控制，并按天然采光状态及具体需要采取调节人工照明照度的控制措施。

有天然采光的大厅等采用光感应照度控制。

（4）走廊、门厅等公共场所的照明控制

走廊、楼梯间、门厅等公共场所的照明，采用集中控制，并按建筑使用条件和天然采光状况采取分区、分组控制；按需要采取调光或降低照度的控制措施。

不经常使用的场所，如部分走道、楼梯间等采用节能自熄开关。应急照明灯具有应急时自动点亮的措施。

5）给排水节能

① 选用节能产品，控制用水量。

② 生活给水采用市政直供，充分利用市政水压。

③ 各用水单位均设水表计量，以利节水。

④ 水箱式坐便器均采用 6L 水坐便器。其他用水器具需选用节水型产品，水龙头均采用陶瓷芯水龙头，公共卫生间小便器采用红外线感应式冲水器，蹲便器采用延时开关。通过系统分区供水方式控制各用水点流出水龙头。

⑤ 公共洗手间洗脸盆、洗手盆、淋浴器和小便器等洁具、采用延时自闭、感应自闭式水嘴阀门。

⑥ 住户预留太阳能室外机安装位置，并预留电气插座。

二、结构设计

1. 设计依据

本工程设计遵循的标准、规范、规定及规程详见表 6-4。

表 6-4　设计遵循的标准、规范、规定及规程

序 号	标准名称	标准编号
1	建筑工程抗震设防分类标准	GB 50223—2008
2	建筑结构可靠度设计统一标准	GB 50068—2018
3	建筑结构荷载规范	GB 50009—2012
4	混凝土结构设计规范	GB 50010—2010
5	建筑地基基础设计规范	GB 50007—2011
6	建筑抗震设计规范	GB 50011—2010
7	高层建筑混凝土结构技术规程	JGJ 3—2010
8	地下工程防水技术规范	GB 50108—2008
9	建筑结构制图标准	GB/T 50105—2010
10	其他国家现行标准、规范及规程	

2. 设计总则详见表 6-5。

表 6-5　设计总则

结构的安全等级	二级	地基基础设计等级	丙级
设计使用年限	50 年	抗震设防类别	丙类

3. 自然条件详见表 6-6、表 6-7。

表 6-6　风雪荷载

基本风压	地面粗糙度	基本雪压
w_0=0.45kN/m² （n=50） w_0=0.50kN/m² （n=100）	B 类	S_0=0.45kN/m² （n=50） S_0=0.50kN/m² （n=100）

表 6-7　抗震设防的有关参数

抗震设防烈度	设计基本地震加速度值	设计地震分组	建筑场地类别
6 度	0.50g	第一组	详勘时确定

4. 荷载取值

1）恒载按实际取值

2）活荷载取值

活荷载值按现行规范、规程、标准和实际情况取值。

主要活荷载取值按《建筑结构荷载规范》（GB 50009—2012）。其中，商店：3.5kN/m²，办公：2.0kN/m²。

3）基本风压取值

本工程为多层建筑，基本风压均按 50 年重现期的风压值采用。

5. 结构设计

1）地基基础

地基基础扩初阶段初步勘察后，确定方案。

2）抗侧力体系

抗侧力体系详见表 6-8。

表 6-8　抗侧力体系

子项名称	地下层数	地上结构层数	房屋结构高度（m）	结构体系	抗震等级
					框架
农居房	0	3	约 11	框架	四级
配套用房	0	3	约 10.6	框架	四级

3）楼盖体系

采用整体现浇主次梁楼盖体系，对于屋面位置，通过加强梁板配筋和采取可靠的保温隔热措施，减小温度作用对结构的不利影响，尽量避免设结构缝。

4）整体分析

采用中国建筑科学研究院 PKPM 系列软件进行整体计算。

6. 主要建筑材料材质和强度等级

1）混凝土

混凝土详见表 6-9。

表 6-9　构件混凝土强度等级

序号	构件名称及范围	混凝土强度等级
1	基础垫层	C15
2	基础	C25
3	上部结构	C25
4	构造柱、过梁、圈梁等	C25

混凝土耐久性分类。处于二类环境部分：和土壤直接接触的构件、水池、集水坑；其余部分处于一类环境。

2）钢材、钢筋

钢材、钢筋：HRB400 钢。

型钢、钢板等：Q235B 钢。

3）焊条

HRB400 钢筋焊接：E55 系列。

4）砌块和砂浆

（1）±0.000 以下墙体：采用 MU20 水泥实心砖，M7.5 水泥砂浆砌筑。

（2）±0.000 以上墙体：采用页岩烧结多孔砖，表观密度 ≤ 13kN/m³，混合砂浆砌筑。

（3）本项目所有砌体均采用预拌砂浆。

第五节　乡村住宅规划设计实例：东林镇泉益村美丽乡村精品村

一、商业综合体规划设计

利用社区服务中心东侧空地新建商业综合体。设计为前后两幢 3 层建筑，底层用连廊连接。整体建筑风格延续江南水乡的"粉墙黛瓦"的传统风格，运用马头墙形等构件营造建筑空间高低错落；运用花窗、木栅格装饰，形成古色古香的水乡传统建筑风貌（图6-12）。

图6-12 东林镇泉益村美丽乡村精品村商业综合体效果图

二、水乡特色渔庄规划设计

在新村北部水塘全域土地综合整治预留村庄商业服务业设施用地，面积约为0.86公顷，规划结合泉益村水乡文化、渔文化，以及泉益未来乡村旅游发展，在此设置水乡特色渔庄。

规划以"水乡怀旧"为设计理念，以20世纪七八十年代水乡鱼塘塘埂边的"茅草棚"为设计原型，打造茅草屋形态的水乡特色渔庄，整个建筑以茅草屋的形式，临建于水边，与南侧的水面融为一体，营造传统的水乡风貌（图6-13、图6-14）。

图6-13 东林镇泉益村美丽乡村精品村水乡特色渔庄俯视效果图

图 6-14 东林镇泉益村美丽乡村精品村水乡特色渔庄正视效果图

三、柳编教室改造规划设计

在荡湾里公园北侧有一处水乡特色传统民居，南面面水，周边竹林围绕，利用其位置优势和良好的环境，通过改造外立面、装饰内部空间，打造柳编教室，传承传统东林柳编文化（图 6-15、图 6-16）。

图 6-15 柳编教室现状

图 6-16　柳编教室改造后效果图

四、乡村大食堂改造规划设计

在荡湾里自然村西北侧有一处四面环水的传统水乡一层建筑，青砖柱子、白墙灰瓦，西侧另有半地下室辅房，曾是生产大队的食堂，规划将其打造成为乡村大食堂，让游客在此品尝传统特色小吃，并可体验传统美食的制作（图 6-17、图 6-18）。

图 6-17　乡村大食堂现状

图 6-18　乡村大食堂改造后效果图

五、怀旧民宿改造规划设计

民宿一：在荡湾里中部有一处住房，产权属于村集体，目前用于出租，规划通过外立面改造、围墙院落的打造，以及怀旧主题内部装修，将其打造成"水乡怀旧"主题民宿（图 6-19、图 6-20）。

图 6-19　民宿一现状

图 6-20 民宿一改造后效果图

民宿二：在荡湾里西部有一处村集体所有的闲置用房，东南面临河，周边植被茂密，其正南侧河中有一处小岛，种有数棵桑树，规划将其改造成水乡民宿，同时结合周边场地创建滨水景观，打造乡村茶室（图 6-21、图 6-22）。

六、柳编文化展示馆改造规划设计

在泉家潭北部有一处厂房，是 20 世纪七八十年代的老柳编厂房，现为私人仓库，建筑面积约 150m²。规划将其改造成为"柳编展示馆"（图 6-23、图 6-24）。

图 6-21 民宿二现状

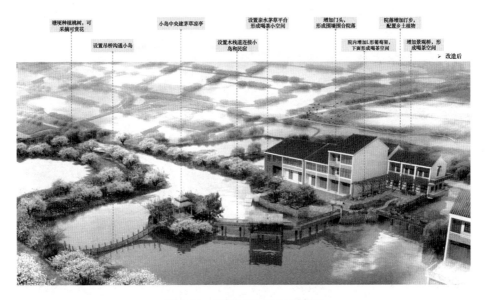

图 6-22 民宿二改造后效果图

七、渔文化展示馆改造规划设计

在泉家潭彩虹桥北侧的民居曾为 20 世纪七八十年代时的鱼市部，规划结合泉益渔文化，打造渔文化展示馆，展示泉益传统的水乡渔文化（图 6-25、图 6-26）。

八、网红爆鱼面馆改造规划设计

泉家潭有一网红食品——爆鱼面，规划结合其南侧已经整治完成的仿古建筑，围绕该爆鱼面馆进行改造，形成古色古香的商业空间。拆除滨水建筑，将泉家潭的滨水长廊进行连通（图 6-27、图 6-28）。

图 6-23 柳编文化展示馆现状

图 6-24　柳编文化展示馆改造后效果图

图 6-25　渔文化展示馆现状

增加槽口、鱼篓等悬挂
装饰

彩虹桥改造成廊桥
（此处为了不遮挡
效果，没做廊桥）

围墙青瓦压顶，增加
"渔文化展示馆"牌匾

墙体粉刷出新，绘制象
形鱼字体

桥底增加"挑鱼"雕塑，
展现鱼收货场景

保留建筑原本阳台色
彩，绘制各种象形鱼
字体

滨水增加石栏杆

改造后

图 6-26　渔文化展示馆改造后效果图

九、荡湾里入口民居改造规划设计

该民居位于荡湾里入口处，作为村庄门面，规划对其进行改造（图 6-29、图 6-30）。

图 6-27　网红爆鱼面馆现状

图6-28　网红爆鱼面馆改造后效果图

图6-29　荡湾里入口民居现状

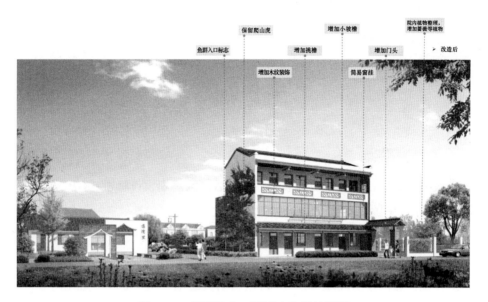

图 6-30　荡湾里入口民居改造后效果图

参考文献

［1］中华人民共和国住房和城乡建设部.城市居住区规划设计标准：GB 50180—2018［S］.北京：中国建筑工业出版社，2018.

［2］中华人民共和国住房和城乡建设部.城市用地分类与规划建设用地标准：GB 50137—2011［S］.北京：中国计划出版社，2011.

［3］中华人民共和国住房和城乡建设部.农村防火规范：GB 50039—2010［S］.北京：中国计划出版社，2011.

［4］中华人民共和国国家质量监督检验检疫总局，中国国家标准化管理委员会.美丽乡村建设指南：GB/T 32000—2015［S］.北京：中国标准出版社，2015.

［5］中华人民共和国住房和城乡建设部.建筑设计防火规范：GB 50016—2014（2018年版）［S］.北京：中国计划出版社，2018.

［6］国家能源局.农村电力网规划设计导则：DL/T 5118—2010［S］.北京：中国电力出版社，2011.

［7］中华人民共和国国家质量监督检验检疫总局，中国国家标准化管理委员会.村镇规划卫生规范：GB 18055—2012［S］.北京：中国标准出版社，2013.

［8］浙江省住房和城乡建设厅.浙江省村庄设计导则［S］.浙江，2015.

［9］中华人民共和国住房和城乡建设部，中华人民共和国国家发展和改革委员会.城市消防站建设标准：建标152-2017［S］.北京：中国计划出版社，2017.

［10］中国工程建设标准化协会.乡村公共服务设施规划标准：CECS 354—2013［S］.北京：中国计划出版社，2014.

［11］马虎臣，马振州，程艳艳.美丽乡村规划与施工新技术［M］.北京：机械工业出版社，2015.

［12］金兆森.农村规划与村庄整治［M］.北京：中国建筑工业出版社，2010.

［13］方明，邵爱云.新农村建设村庄治理研究［M］.北京：中国建筑工业出版社，2006.

［14］刘宗群，黎明.绿色住宅绿化环境技术［M］.北京：化学工业出版社，2008.

［15］黄毅刚.探讨城乡规划设计中美丽乡村的规划路径［J］.新型城镇化，2024，

（01）：58-63.

［16］林传斌.乡村振兴背景下美丽乡村规划建设路径［J］.中国住宅设施，2023，（10）：106-108.

［17］杨彪.城乡规划设计中美丽乡村规划提升路径研究［J］.城市建设理论研究（电子版），2023，（29）：26-28.

［18］王培良.美丽乡村的设计解析——评《美丽乡村规划设计概论与案例分析》［J］.中国油脂，2023，48（08）：167.

［19］檀周鹏.新型城镇化背景下美丽乡村规划与建设［J］.新型城镇化，2023，（04）：64-68.

［20］张建荣.乡村振兴战略下美丽乡村规划与建设实施路径探究［J］.农村实用技术，2022，（08）：70-71.

［21］张勃，骆中钊，李松梅，等.小城镇街道与广场设计［M］.北京：化学工业出版社，2012.

［22］谢燕玲.城乡公共服务设施规划配置建议［J］.四川建材，2018，44（8）：51-52.